男孩，你要懂得保护自己

套装升级版 校园篇

王昊泽 —— 编著

中国纺织出版社有限公司

内 容 提 要

对孩子而言，进入学校是他们步入社会的第一步。虽然在学校里，孩子依然会得到老师的照顾，但是他们享有的自由越来越多，越来越独立。在这种情况下，父母就会情不自禁地关心起孩子的校园安全。

本书从各个方面讲述了男孩的校园安全问题，内容涉及男孩如何与同学相处、如何安全地使用文具、如何在上下学的路上保证交通安全、如何面对校园霸凌行为等，帮助男孩认识到可能存在的隐患，给男孩悉心的指导，让男孩学会保护自己的身体和心灵，进而保证自己能够在学校安心学习、快乐生活。

图书在版编目（CIP）数据

男孩，你要懂得保护自己：套装升级版．校园篇 / 王昊泽编著．-- 北京：中国纺织出版社有限公司，2023.8

ISBN 978-7-5180-9330-4

Ⅰ.①男… Ⅱ.①王… Ⅲ.①男性—青春期—健康教育 Ⅳ.① G479

中国版本图书馆 CIP 数据核字（2022）第 020422 号

责任编辑：刘桐妍　　责任校对：高　涵　　责任印制：储志伟

中国纺织出版社有限公司出版发行
地址：北京市朝阳区百子湾东里A407号楼　邮政编码：100124
销售电话：010—67004422　传真：010—87155801
http://www.c-textilep.com
中国纺织出版社天猫旗舰店
官方微博 http://weibo.com/2119887771
唐山富达印务有限公司印刷　各地新华书店经销
2023年8月第1版第1次印刷
开本：710×1000　1/16　印张：32
字数：414千字　定价：108.00元（全4册）

凡购本书，如有缺页、倒页、脱页，由本社图书营销中心调换

前　言

　　转眼之间，那个呱呱坠地的新生命长大了，他们开始蹒跚学步，牙牙学语，他们开始学会独立吃饭、走路、穿衣服。渐渐地，他们的生活范围不再局限于家庭，而是越来越扩展。等到三岁的时候，男孩就离开了父母的身边，进入幼儿园里，开始适应集体生活。这使父母对孩子牵肠挂肚，生怕孩子在集体生活中受了委屈、吃了亏，或者是吃不饱、穿不暖。总而言之，每当幼儿园进入开学季，幼儿园小班的父母们总是表现得千姿百态，有的父母躲在幼儿园门口往里窥探，有的父母藏在大树后面生怕被孩子看见，有的父母不停地给老师发短信，询问孩子是否吃饱穿暖，有没有睡着觉。总而言之，父母的心片刻也不得安宁，正是因为如此，才有人说孩子上幼儿园不是孩子离不开父母，而是父母离不开孩子。的确如此，父母是孩子的心头肉，父母怎么能轻易放手呢？

　　然而，孩子终究要长大，不管父母多么疼爱孩子，都不可能始终陪伴在孩子的身边；不管父母多么不愿意离开孩子，孩子都会飞到属于自己的广阔天地中。明智的父母知道孩子终究会走到自己独立的人生道路上，所以他们哪怕有万般不舍，也会说服自己对孩子放手。

　　对孩子而言，进入学校是他们步入社会的第一步。虽然在学校里，孩子依然会得到老师的照顾和管束，但是他们离开了父母的身边，他们享有的自由越来越多。随着年纪不断增长，孩子更是越来越独立。在这种情况下，父母就会情不自禁地关心起孩子的校园安全。

　　在这本书里，我们从各个方面讲述了男孩的校园安全问题，例如，男孩如何与同学相处，如何安全地使用文具，如何在上下学的路上保证交通安全，如何面对校园霸凌行为等。每一个问题都牵动着父母的心。如果父母能够在孩子进入学校之初，就对孩子进行全面的安全教育，那么孩子将会更加快乐安心地度过校园生活，父母也就不会再那么忐忑不安了。

  孩子的成长绝不是一朝一夕就能实现的，孩子的问题也一直处于层出不穷的状态。古人云，兵来将挡，水来土掩，父母不要寄希望于任何一本书能够一劳永逸地解决孩子的所有安全问题，从某种意义上来说，父母是在和孩子一起成长，是在陪伴孩子共同成长。所以父母不要怕孩子出现各种新的问题，只要父母有足够的安全意识，也未雨绸缪地对孩子进行安全教育，相信孩子一定能够愉快地度过校园生活。

编著者

2022年10月

目 录

男孩穿着朴素不炫富，专心致志爱学习

- 不攀比，不嫉妒 　　　　　　　　　　002
- 在学习上树立标杆 　　　　　　　　　004
- 不盲目追求名牌 　　　　　　　　　　008
- 友谊第一，比赛第二 　　　　　　　　011
- 以正当方式与同学竞争 　　　　　　　014
- 善待对手，提升自己 　　　　　　　　017

男孩淡定从容不攀比，尊重同学好人缘

- 座位上的"三八线" 　　　　　　　　022
- 面对新同桌，主动伸出橄榄枝 　　　　025
- 用好文具，避免伤人 　　　　　　　　027
- 调整座位，结交更多好同学 　　　　　031
- 积极参加班级和学校活动 　　　　　　033
- 理解同学苦衷，友善对待同学 　　　　036

3 男孩知人知面也知心，良好社交重情义

- 与同学结伴上学与放学　　　　　　　　040
- 不与异性单独相处　　　　　　　　　　043
- 是非对错要分清，哥们儿义气不可要　　045
- 学会拒绝，不当老好人　　　　　　　　049
- 遭遇背叛怎么办　　　　　　　　　　　052
- 学会"泄露"朋友的秘密　　　　　　　055
- 坦然面对嘲笑　　　　　　　　　　　　058

4 男孩有勇有谋不畏缩，校园霸凌莫奈何

- 被同学敲诈勒索要及时求助　　　　　　064
- 面对校园霸凌，绝不畏缩　　　　　　　068
- 遇到任何问题，要向老师和家长求助　　072
- 做勇敢的男孩，拒绝被欺负　　　　　　076
- 知晓法律知识，拿起法律武器　　　　　080

5 男孩乐于助人有限度，保护自己真英雄

- 乐于分享，结交更多好朋友　　　　　　084
- 不要给陌生人带路　　　　　　　　　　088

- 火眼金睛，识别骗局　　　　　　　　　091
- 危急时刻，舍身救人不可取　　　　　094

6

校园生活中，男孩要培养社会交往能力

- 诚信待人，打造属于自己的品牌　　　100
- 不羞怯，落落大方参与社交　　　　　104
- 学会倾听，打开他人心扉　　　　　　108
- 男孩要学会合作　　　　　　　　　　112
- 发挥幽默的能力　　　　　　　　　　115

- 参考文献　　　　　　　　　　　　　119

1

男孩穿着朴素不炫富,专心致志爱学习

如今,校园不再是象牙塔,更不是毫无是非的净土。孩子们在校园里生活,与同学、老师朝夕相处。虽然同学之间有着深厚的同窗情谊,但是在相处的过程中也会有各种各样的不愉快,尤其是同学间的相互攀比,这会导致男孩与同学的关系剑拔弩张。要想做到专心致志,热爱学习,男孩就要穿着朴素,不要盲目地炫富,或者是与他人比较。

不攀比，不嫉妒

小故事

每次考试，乐乐与好朋友彤彤的成绩都不相上下。刚刚升入初一的时候，他们大有英雄惺惺相惜之感，随着时间的流逝，他们之间形成了角逐的局面，有的时候乐乐考第一，有的时候彤彤考第一。总而言之，他们几乎包揽了每次考试的第一和第二名。为此，老师经常表扬他们，还总是号召其他同学向他们学习呢！

这次考试，乐乐考取了第一名的好成绩，总分超过第二名彤彤二十多分。以往，乐乐和彤彤的总分只相差几分，这次却如此悬殊，所以老师对乐乐大力表扬，对彤彤则加以鞭策和激励，还当着全班同学的面让彤彤向乐乐学习，不要满足于现状。听到老师的话，彤彤很不服气，他在心中暗暗地说："哼，有什么了不起的，等着看我下次超越你吧！"这次考试之后，彤彤与乐乐之间的关系明显变得疏远。

在接下来的几次考试中，彤彤虽然很努力，但是始终与乐乐的分数差距很大。有一次上体育课时，彤彤因为不小心扭伤了脚，就自己回到教室里看书。趁着教室里空空荡荡的，彤彤居然把乐乐的作业撕碎，扔到了垃圾桶里。后来，乐乐怎么也找不到作业，只得重新写了一份。傍晚，值日生打扫卫生时，在垃圾桶里发现了乐乐的作业，乐乐这才知道是有人故意撕碎了他的作业。班主任当即调出了教室里的监控录像，发现了彤彤的所作所为，并把彤彤叫到办公室里狠狠地批评了一顿，还把彤彤的父母也叫到学校来，对他们通报了彤彤的行为。毫无疑问，彤彤被爸爸妈妈狠狠地训斥了一通。

 分 析

在这个事例中,彤彤的行为明显是错误的。其实,在一个班级里,一个孩子的成绩如果特别好,比其他同学高出很多,那么他在学习上就无法与其他同学形成你追我赶的势头。对于老师而言,他们希望班级里多一些像乐乐、彤彤这样的同学,因为他们在学习上旗鼓相当,形成了竞争的局面,所以你追我赶,彼此都能得到很大的进步和提升。从彤彤的角度而言,他羡慕乐乐的学习成绩比自己好,嫉妒乐乐得到了老师的表扬是正常的,却不应该以错误的方式来证明自己,而是要光明正大地通过努力提升自己的成绩,争取再超过乐乐。这才是积极的、良性的竞争方式。

 解决方案

很多青春期男孩都有强烈的嫉妒心,尤其是在看到身边有同龄人的学习比自己好,家境比自己优渥,或者是人缘比自己好时,他们就会心生不悦,在嫉妒的驱使下做出一些失去理性的冲动之举。为了避免这种情况出现,男孩要做到以下几点。

首先,要正确地认知自己。很多男孩或者妄自菲薄,或者狂妄自大,这是心态的两种极端,都是不健康的。妄自菲薄的男孩认为自己不管哪个方面都不如别人,就会特别自卑;狂妄自大的男孩认为自己在哪个方面都远远地超过别人,就会特别张狂。男孩要客观公正地认知自己,知道尺有所短,寸有所长,也要知道人外有人,天外有天。古人云,金无足赤,人无完人,每个人都既有缺点,也有优点,既有劣势,也有优势。男孩要取长补短,扬长避短,不骄纵,不盲目自信,保持谦虚的心态,积极地进取。

其次,要以正确的方式赶超他人,而切勿采取不正当的手段。在上述事例

中，彤彤一开始以努力学习的方式试图赶超乐乐，后来发现接连几次考试乐乐都位居第一，因而嫉妒心理越来越强，所以采取了不正当的手段损害乐乐的利益。这样的做法一旦被公之于众，彤彤不但在学习上远远落后了，在做人方面也将是非常失败的。

最后，发展自己的核心竞争力，正确地进行纵向比较。每个人都有自己的特长，男孩要看到自己的优势和长处。总是以自己的缺点和不足，与他人的优势和长处比较，只会导致心理失衡；反之，如果以自己的优势和长处与他人的缺点和不足比较，又会盲目自信。最好的做法是把自己的今天与昨天比较，看看自己今天有什么进步，从而及时认可与肯定自己。

　　男孩只有摆脱嫉妒心理，才能获得快乐，才能对自己的点滴进步都感到欣喜。男孩在为自己制订目标的时候，要难度适宜，不要制订过于远大、无法实现的目标，导致自己沮丧绝望，也不要制订太过简单、轻而易举就能实现的目标，导致自己骄傲自满。每个人都在不断进步的过程中，男孩更是要戒骄戒躁，保持进步的姿态，成就自我。

■ 在学习上树立标杆

小故事

　　彤彤自从上次恶意撕毁了乐乐的作业之后，被老师和父母进行了思想教育，他终于意识到自己的做法是不正确的，也意识到自己心中的嫉妒之火正在熊熊燃烧。老师非常关注彤彤的心理健康，有一天下午放学后，老师又找到彤彤谈话。

老师对彤彤说："彤彤，在班级里，你学习的条件和氛围是最好的。"彤彤不知道老师的话是什么意思，感到莫名其妙，老师继续说："你想啊，乐乐接连几次考试都稳居第一，这可能会使他产生骄傲的情绪，也因为没有对手，所以他会觉得很寂寞。但是你却不同，你可以把乐乐树立为自己学习的标杆，督促自己努力进取，这样你就会充满动力。你想啊，一个人要想进步，是有目标好，还是没有目标好呢？"彤彤恍然大悟，对老师说："乐乐也有目标啊，其他学校里也有学习比他好的。"老师笑了笑，说："那么你觉得标杆在身边对你的促进作用更大，还是标杆距离你很遥远，你更容易受到促进呢？"彤彤认为老师说得很有道理，陷入了沉思。

老师仿佛看穿了彤彤的心思，说："不要觉得以乐乐为标杆有什么丢人的，如果你现在远远超过乐乐十几分或者二十几分，我想乐乐会毫不迟疑地把你树立为标杆的。标杆，也许只是一个阶段内的目标。等到你超越乐乐之后，你就可以为自己树立新的学习标杆。就像长跑运动员训练时会找陪跑一样，他们需要在眼前有一个目标。现在，你有了一个现成的目标，可一定要好好珍惜啊！"

在老师耐心的开导下，彤彤终于解开了心结。他感动地对老师说："老师，谢谢您耐心地教导我。我明白了，学习上必须你追我赶才会有进步。说不定，乐乐也是担心我会超过他，才这么努力的呢！"老师欣慰地点点头。

从此之后，彤彤不再嫉妒乐乐，而是与乐乐恢复了好朋友的关系。平日里，他有了不会做的题目就会请教乐乐，每当乐乐请教彤彤擅长的语文阅读理解，他也不遗余力、毫无保留地讲给乐乐听。在互相帮助之下，乐乐和彤彤的成绩都有了很大幅度的提高。

 **分　析**

在这个事例中，老师说得很对，就像长跑运动员需要陪跑一样，男孩在学习和成长的过程中也是需要陪跑的。青春期男孩尤其看重同龄人，也渴望融入同龄人的团体，所以同龄人对他们的影响就会更大。在这种情况下，父母要多多督促孩子与同龄人交往、向同龄人学习，老师也要在班级里营造良好的竞争氛围，让男孩们在你追我赶的状态中获得巨大的进步和提升。

 **解决方案**

具体来说，男孩在学习上为自己树立标杆时，要注意以下几点。

第一点，男孩不要嫉妒学习比自己好的同学，而要认识到每个人都有自己的优势，要学会欣赏他人的与众不同，要积极地向他人学习。人们常说，嫉妒是心中的毒瘤，如果男孩受到嫉妒情绪的负面影响，总是对他人取得的成就虎视眈眈，那么就不能做到心平气和地向他人学习。

第二点，男孩可以在各个方面为自己树立标杆。前文我们说过，男孩不管是拿自己的缺点与他人的优点比较，还是以自己的优点与他人的缺点比较，都是不合理的。每个人所擅长的方面是不同的，例如，有的孩子擅长学习数理化，有的孩子喜欢学习语文，在文科学习上独具天赋。作为男孩，在为自己树立标杆时，不要执着于找到一个在各方面都比自己强的同龄人作为标杆，也不要对在某些科目上表现比自己好的同学吹毛求疵，而是可以在各个方面为自己树立标杆，也可以凭着自己擅长的科目成为别人的标杆。举例而言，男孩喜欢学习数学，但是语文成绩很一般，那么男孩可以向语文学习出类拔萃的同学请教，也可以凭着优异的数学成绩成为其他同学的数学标杆。这就是标杆的魅力所在。

第三点，学会借力。如果说在小学阶段，孩子们主要的学习目的是打牢基础，养成良好的学习习惯，那么在进入初中之后，孩子们就开始真刀真枪地比拼实力了。对于那些学有余力的孩子，要想获得更大的进步，在学习校内课程之余，也可以参加线下培训班或者是线上补习班，给自己开开小灶。俗话说，学海无涯，孩子只有努力拼搏，才能在知识的海洋里遨游。在遇到一些难题的时候，男孩如果不能独自钻研出结果，还可以和身边的同学一起讨论，集思广益，或者去向老师请教。总而言之，三人行必有我师，只要男孩怀着一颗谦虚的心积极主动地投入学习之中，怀有强烈的好奇心面对无穷无尽的知识，就能够借力打力。

第四点，学习标杆不仅仅局限于同班同学，也可以是校内的同学，或者是别人家的孩子。很多孩子误以为只能以同班同学为标杆，可是如果孩子非常优秀，在班级里，甚至在全校稳居第一，那么孩子就要学会将更优秀者作为自己的标杆，否则就会变成井底之蛙，不知道天高地厚。在这个世界上，对于任何人而言，都只有更优秀，而没有最优秀。男孩必须始终牢记这个道理，才能在成长的道路上努力前行，勇往直前。

小贴士

总而言之，标杆对于男孩的学习和成长是很重要的。男孩要想获得长足的进步，就要在相应的成长阶段为自己树立相应的标杆，这样才能不断激励自己奋力进取。越是在标杆的示范作用突出的情况下，男孩越是要无限靠近标杆，让自己变得和标杆一样优秀。此外还需要注意，在不同的学习领域，可以为自己树立不同的标杆，在不同的学习领域，也要争取成为别人的标杆。

不盲目追求名牌

小故事

　　程程是一个爱慕虚荣的孩子。自从升入初中之后，他对于吃穿用度都特别讲究。例如，他要求穿名牌的衣服、鞋子，背名牌的书包，还要吃名牌的食物。对于程程的要求，爸爸妈妈总是尽力满足。有的时候，家里经济拮据，他们想要拒绝程程，程程马上就会可怜兮兮地说："班级里其他同学都有，就我没有……"听到这句话，爸爸妈妈马上就心软了，妈妈更是向程程保证："放心吧，我和爸爸就算砸锅卖铁，也不能让你过得不如别人。"

　　有一天放学回到家里，程程对妈妈说："妈妈，我想要一个最新款的手机。"妈妈尽管还用着几百块钱的手机，但是对于苹果手机的价格却是早有耳闻。她对程程说："程程，现在的手机太贵了，最新款的更是天价。"程程不以为然地说："今天，我们班级里有两个同学都拿着最新款的手机去学校了。我为什么不可以有？"妈妈虽然很想像以前一样一咬牙就给程程买了，但是这款手机的价格远远超出了她和爸爸的经济承受能力，她只好无奈地对程程说："程程，你现在用的手机是去年刚买的呀，也有两千多块钱，我和爸爸还用着几百块钱的手机呢！"程程对妈妈的解释无动于衷，他坚持说："我不管，

> 我就要最新款的手机。最迟周末，我就要去买，你和爸爸想办法吧！"
>
> 爸爸回到家里，妈妈把程程的要求告诉爸爸，爸爸当即生气地说："这个孩子简直无法无天了，别说家里没有钱，就算是家里有钱，他一个学生要用那么好的手机做什么！"爸爸当即走到书房里，狠狠地批评了程程一通，程程委屈极了，一直把自己关在房间里，连晚饭都没吃。

分析

程程之所以要一个最新款的手机，除了和同学攀比之外，根本没有用途。对于初中生而言，有一个普通的手机方便与父母联系即可，真的没有必要追求最新款的手机。而且，程程家里的经济情况根本不好，父母都还用着几百块钱的手机呢，程程却用着两千多元的手机。即便如此，程程也没感到满足，反而变本加厉。

其实，程程之所以这么盲目地追求名牌，对于物质的欲望那么强烈，与父母对他的骄纵是密不可分的。父母很清楚家里的经济情况，此前却对程程有求必应，所以导致程程对物质的欲望越来越强烈。

解决方案

男孩要学会控制对物质的欲望，不盲目追求名牌，父母也要以正确的方式教养男孩，切勿以为把最好的一切给了男孩，就对男孩尽到了养育的责任。

第一点，父母不要对男孩有求必应。大多数人都以为只有那些经济富裕的家庭里成长起来的孩子才会是特别骄奢浪费的。其实，在一些并不富裕的家

庭里，父母如果刻意骄纵孩子，超出自己的经济能力范围，为孩子提供优渥的生活条件，同样会导致孩子被物欲驱使，对父母提出过多过分的要求。所以，当发现孩子很骄纵，被欲望驱使时，父母首先要从自身反思问题，看看自己教育孩子的方式是否正确，必要的情况下还要反思自己的人生观、世界观和价值观，才能给予孩子正确的引导。如果父母本身就是金钱至上、物质至上的人，那么就会在不知不觉间影响孩子，使孩子也变成和父母一样的人。

第二点，男孩要讲究实用，而不要盲目追求名牌。东西的价值并不在于其价格，也不在于其品牌多么大，而在于真正的实用价值和意义。现实生活中，有些人买东西讲究品牌，是因为他们意识到品牌是质量的保证。换一个角度来看，如果我们知道某个东西质量过关，功能也足够我们使用，那么我们还有什么必要非名牌不买呢？我们即使购买品牌产品，也是为了实现其实用价值和意义，因而切勿本末倒置。

第三点，追求性价比。每一个父母都望子成龙，望女成凤，因而下大力气在孩子身上投资，不但从不吝啬时间陪伴孩子，更是从不吝啬金钱给孩子报名参加各种补习班、兴趣班等。父母对孩子的无私之心固然令人感动，却要有所收敛，尤其是在为孩子购买各种东西的时候，一定要追求性价比，而不要盲目追求高价。如果父母总是眼睛也不眨一下地花费重金为孩子购买各种日用品，孩子就会认为金钱来得很容易，也会养成高消费的坏习惯。现实却是，金钱得来不易，是父母辛辛苦苦赚来的。父母为孩子花钱要精打细算，孩子购买东西更是要追求性价比，才能让每一分钱都花到刀刃上。

第四点，要让孩子多多接触平民化的东西。平民化的未必不好，烟火气息中才能感受到生活的真味。为了让孩子更接地气，父母要为孩子营造烟火气的生活，而不要竭尽全力为孩子塑造高高在上、虚无缥缈的生活。不管孩子将来做什么，有怎样的生活，他们终究要脚踏实地，所以不要盲目迷信和追求名牌，更要看重商品的实用价值。

我们要求孩子不要盲目追求名牌，不是说名牌的东西不好，而是说男孩要根据家庭的经济能力和自己的消费能力，理性消费，理性购物，理性生活。好东西，人人都心向往之，但是只有坚持看菜吃饭、量体裁衣，才能把很多事情做得恰到好处。

■ 友谊第一，比赛第二

小故事

最近，学校里开展了背诵古诗词的比赛。小凯和豆豆都报名参加了，而且都经过了充分的准备，想要在比赛中获取好成绩。比赛前，选手们都拿着打印的古诗词资料最后复习，想要加深记忆。这个时候，小凯发现自己的古诗词资料不见了。他着急地四处寻找都没有找到，想到自己有可能把古诗词遗忘在公交车上了，他急得满头大汗，如同热锅上的蚂蚁一样团团乱转。这个时候，豆豆把自己的古诗词分成两个部分，给了小凯一部分，对小凯说："小凯，我先看前半部分，你先看后半部分，等到我们都看完了，就交换一下。"看到豆豆的举动，小凯感动不已。

经过紧急复习，小凯在古诗词比赛上的表现非常好。在比赛进行到最后一轮之前，他与豆豆的得分是一样的。小凯感谢豆豆："豆豆，谢谢你给我看古诗词资料，否则我今天那么着急，又没有资料复习，一定不会表现得这么好。"豆豆真诚地说："不要客气，我们是同学，应该互相帮助。加油吧，咱们赛场上见分晓啦！"小凯和豆豆进行了最后一轮角逐，最终小凯获得了第一名的好成绩，豆豆只得到了第二名。小凯看到豆豆觉得很不好意思，说："豆豆，我没有谦让。"豆豆笑起来，说："你为什么要谦让呢！如果我是你，我也会拼尽全力的。"小凯很难为情，说："但是，你那么热心地借资料给我看。"豆豆摆摆手，说："这完全是两码事啊。我借资料给你看，是因为你是我的同学、我的朋友，你把资料弄丢了，我想和你公平竞争。你在赛场上不需要谦让我，因为我们是在比赛啊！总而言之，友谊第一，比赛第二！"

分析

在这个事例中，如果豆豆有私心，想到小凯与他是竞争对手，故意不借古诗词的资料给小凯看，那么故事的结尾可能会大不相同。但是豆豆心胸豁达，丝毫没有想过要用这种方式战胜小凯，所以他毫不迟疑地把自己的古诗词资料分成两个部分，和小凯轮换着看了起来。

青春期男孩在一起相处，平日里也许会一起玩耍，称兄道弟，好得恨不得穿一条裤子，但是在遇到利益之争的时候，他们很有可能会一改常态，为了战胜对方而使出浑身的力气，还有可能为了战胜对方而不择手段。然而，男孩要成为坦荡的人，就不能以削弱对方实力的方式战胜对方，这样胜之不武。正确的做法就要像事例中的豆豆那样，把自己的资料借给小凯看，然后在赛场上凭着实力与小凯一决高下。

解决方案

青春期男孩不管是在学习中还是在生活中，一定会面临竞争，参与比赛。男孩应该有一颗正直善良的心，要以端正的态度对待比赛，看待名誉。功名利禄固然重要，也可以为自己增添光彩，但是做很多事情的时候都要追求问心无愧。事例中，豆豆虽然只得到了第二名的成绩，但是他却很开心，因为他帮助了小凯，也光明磊落地赢得了第二名。

具体来说，男孩应该做到以下几点。

第一点，端正态度对待比赛。比赛固然重要，友谊更加重要。在珍惜友谊的情况下，我们当然要不遗余力地好好表现，争取在比赛中赢得好名次。如果比赛与友谊冲突，男孩应该发扬友谊第一、比赛第二的风格，在对方有需要的时候，积极地帮助对方。如果能够皆大欢喜，结局自然是令人欣慰的。如果不能皆大欢喜，至少也能做到问心无愧。

第二点，男孩要注重提升自己的实力。对于男孩而言，要想在激烈的竞争中获胜，最重要的就是要让自己变得强大起来。与其期望对手实力减弱，不如增强自己的实力。毕竟对手也许会不停地改变，我们自身却是永远的角逐者。

第三点，遵守规则。不管参加什么比赛，面对怎样的对手，我们都要遵守规则。任何比赛，或者是游戏，都是有规则的。即使是临时发起的比赛或者是游戏，没有现成的规则可以拿来使用，我们也可以与对手一起设定规则。俗话说，没有规矩，不成方圆，规则的作用恰恰在于此。不管规则是否合理，只要对所有人都一视同仁，就是公平的。男孩要成为规则的遵守者，才能在比赛或者是游戏中站稳脚跟，成为真正的赢家。

第四点，保持平常心。很多男孩爱面子，为了证明自己的实力，想方设法想要赢得胜利。殊不知，很多时候，越是迫不及待想要获得成功，越是会事与愿违。男孩应该怀有一颗平常心，尽力而为，即使比赛的结果不好，也坦然接受。男孩拥有这样的胸怀和境界，就能在面对友谊和比赛的时候，做出正确的选择。

以正当方式与同学竞争

小故事

最近，老师在班级里宣布了学校要进行作文比赛的消息，呼吁同学们踊跃参加。在班级里，子乔和马帅的作文水平都很高，每次作文课上写的作文，都会被老师当作范文，当着全班同学的面朗读。为此，他们俩都铆足了劲，想要在这次作文比赛中崭露头角。原来，这次作文比赛，学校的比赛是初赛，胜出的作文还要被送到区里和市里参加比赛呢！面对这样千载难逢的好机会，子乔和马帅都蠢蠢欲动，想要大显身手。

这次比赛和以往上交纸质稿不同，要求上交电子稿。因为作文的题目是《我的家乡》，所以擅长写景状物的子乔占据很大优势，擅长写人记事的马帅则占据劣势。眼看着距离交稿的日子越来越近了，马帅的作文还没有雏形呢，他很着急。趁着周末，马帅去拜访子乔，请教子乔如何写作文。子乔毫不保留地把写景状物的技巧都讲给马帅听，马帅听得云里雾气里，就是不知道如何下笔。这个时候，马帅试探地询问子乔："子乔，你能把你的作文给我看看，学习学习吗？"子乔迟疑片刻，爽快地说："当然，没问题，那我就献丑了。"说着，子乔打开电脑，把电脑里的作文打开给马帅看。趁着子乔去卫生间的机会，马帅用子乔的QQ，把子乔的作文发送给了自己，又删除了发送的痕迹。等到子乔回来，马帅很快就告辞了。

回到家里，马帅原本只想参考子乔的作文，却绞尽脑汁也写不出更好的，就摘录了子乔作文中大段的内容，糅合到自己的文章里。后来，马帅上交的作文和子乔的作文相似度很高，学校里的评委们在评分的时候，因为无法区分到底是谁抄了谁的作文，所以就把这两篇作文都淘汰了。对于自己用心写的作文，却在学校里都没有得到名次，子乔感到非常郁闷。看到子乔郁郁寡欢的样子，马帅感到非常愧疚。他向老师承认是他抄袭了子乔的作文，说他也没想到会弄得这么糟糕。原本，马帅还以为他的作文能选送区里和市里参加比赛呢！如今竹篮打水一场空，还牵连了子乔，他非常羞愧。

分 析

在这个事例中，马帅想要胜过子乔，所以就采取了如此糟糕的方式。结果，他非但没有胜过子乔，还害子乔一起落选了。很多男孩好胜心强，生怕自己在与他人的竞争中败下阵来，脑袋一热，就做出冲动的举动，导致结果事与愿违。如果马帅能够根据子乔传授给他的经验用心创作，说不定还能和子乔一起参加更高一级的比赛呢！

不管面对多么重要的比赛，男孩想取得好名次，都不能不择手段。前文我们说过，在比赛中，男孩要遵守规则。其实，在比赛之前和之后，男孩同样要遵守规则。男孩如果在比赛中取得了不好的成绩，顶多证明男孩能力有限。男孩如果采取不正当的手段，那么就说明男孩品质恶劣，这显然是更糟糕的。所以，不管何时，男孩都要保持清醒的头脑，都要遵守规则，这样才能保证公平地对待自己和他人，比赛的结果也才能得到认可。

解决方案

具体来说,有哪些不正当的竞争是要极力避免的呢?

第一点,不要损人利己。古人云,利人实利己的根基。这就告诉我们,合作应该建立在共赢的基础上。如果男孩为了自己获胜,就做出损人利己的事情,那么一旦事情败露,就会口碑下降,也会影响自己在学校中的形象,可谓损失惨重。

第二点,要想胜出,就要光明正大地取胜。古人云,明枪易躲,暗箭难防。男孩不管与谁进行比赛,都要光明正大,磊磊落落。虽然背地里采取不当的手段也许能让男孩更快地获胜,但是这样的结果是不长久的。人们常说,纸里是包不住火的,真相总是会大白于天下。男孩在决定采取不正当的手段获胜的同时,就要做好心理准备,承担事情败露的后果。网络上曾经有一则新闻,说一个大学生在考试的时候作弊,被学校通报批评,因为想不开就采取了极端行为。这件事情的结果固然让人扼腕叹息,然而大学生已经成人,具备了独立思考的能力,就要知道自己作弊的后果,也要做好准备承担后果。带着侥幸心理以不正当的手段获取竞争的胜利,却在事情败露后因为无力承受而走上极端,这真是令人唏嘘不已。

第三点,要有公平意识。很多男孩都追求公平,生怕自己在竞争中被暗箱操作,得到不公的对待。男孩要知道公平是双向的,男孩既要保证自己得到公平对待,也要保证自己公平地对待他人。如果男孩采取作弊等方式获胜,对于他人而言就是极大的不公平,所以男孩的公平意识必须推己及人,设身处地为他人着想,才能把很多事情做得更好。

总之,在男孩成长的过程中,竞争无处不在。如果男孩没有公平

意识，也不能做到主动遵守规则，那么在竞争中就会处于非常被动的状态。任何时候，男孩都要一视同仁地对待所有人，竞争的力量也都是相对的。男孩必须心怀坦荡，从容面对各种竞争，才能从竞争中脱颖而出，让自己有杰出的表现。

善待对手，提升自己

小故事

上次在作文比赛中，马帅一时糊涂，抄袭了子乔的作文，结果和子乔双双落选。这次事情给了马帅很大的教训，从此之后，马帅对待竞争的态度有了一百八十度大转弯，对待对手也不再虎视眈眈了。

很快，学校又接到作文比赛的通知。这次与上次恰恰相反，是记事题材的作文。想到上次自己给子乔带去那么大的困扰，马帅决定要帮助子乔。子乔的确很不擅长写人记事的作文，因而当马帅主动提出要帮助他的时候，子乔尽管对于马帅此前的行为还耿耿于怀，却在老师的劝说下接受了马帅的帮助。

看得出来，马帅是真心帮助子乔的，他甚至还为子乔写了范文，告诉子乔如何谋篇布局，如何运用好词好句给文章添彩。子乔渐渐地解开了心结，真心地感谢马帅。经过马帅尽心尽力地指点，子乔感慨地说："马帅不但帮助我准备这次作文比赛，还从根本上帮我提升了写人记事的作文水平，真是太感谢了。"看到马帅与子乔互相帮助，尽释前嫌，老师欣慰极了。

当然，马帅一边帮助子乔，一边也没有忘记提升自己的能力和水平。他看了很多作文选，还写了好几篇类似的作文，以比较哪一篇作文的表达更好，读起来更生动有趣。最终，马帅和子乔在作文比赛中都获得了很好的名次。

分　析

上一次，马帅抄袭了子乔的作文，导致他和子乔都落选，这明显是损人不利己的行为，不过马帅的初衷是损人利己。这一次，马帅一改此前的做法，非但没有损害子乔的利益，还拼尽全力帮助子乔，最终使自己和子乔都获得了好名次，这样共赢的结果显然是皆大欢喜的。

解决方案

面对各种各样的比赛和竞赛，男孩切勿为了维护自己的利益而损害他人的利益，更不要为了凸显自己就贬低他人。现代社会讲究共赢，任何时候，男孩都要牢记这一点，不管是做人还是做事都要以这一点为原则，这样才能达到最好的结果。具体来说，男孩要做到以下几点。

第一点，善待对手。对手，不是敌人。偏偏有很多男孩都把对手和敌人的概念混淆了，他们认为所谓对手就是敌人，对待对手要将其视为不共戴天之敌。其实，这样的想法大错特错。对手，是与我们展开良性竞争的人，在对手的促进下，我们反而能够获得提升。

第二点，寻找对手。曾经有人说过，看一个人的底牌，看他的朋友；看一个人的实力,看他的对手。由此可见,对手的实力在很大程度上代表了我们自身的实力,因为人们只会与旗鼓相当的人成为对手。所以我们要积极地寻找对手。武侠小说中,那些拥有高超武艺的人总是遍寻天下,只为了找到对手,由此可见对手的重要性。所以当看到对手的实力很强时,我们不要与对手殊死决斗,而是要在与对手的博弈中发现自身的优势与劣势,从而有效地提升自己。

第三点,提升自我。不管是在怎样的比赛或者竞赛中,归根结底,男孩要想获胜,只能靠自己。只把希望寄托在对手出错上是不可能获得胜利的,对手也许会有失误,但是那不应该成为我们获胜的契机。真正强大的人,气定神闲地参加比赛,对于自己的实力了然于心,对于竞争的态势全局把控。人们常说,以不变应万变,那么面对变幻万千的对手,我们唯一能做的就是提升自身的实力,让自己以实力赢得胜利,以实力获得成功,这就是最强大的不变。

第四点,积极地参加各种各样的比赛,邂逅形形色色的对手。常言道,养兵千日,用兵一时。对于每个男孩而言,平日里那么辛苦、那么努力、那么坚持,就是为了最后一刻展现自身的实力,证明自己的能力。为了提升自己各个方面的能力,增强自身的素质,男孩应该积极地参加各种比赛,邂逅各色对手。

很多男孩的心理素质很差,虽然在平日里他们的表现很好,但是一旦到了关键时刻,如参加考试、比赛等,他们就会因为紧张而头脑一片空白,发挥失常的最终后果就是失利。所以,在提升自己各个方面能力的同时,男孩还要注重提升自己的心理素质,让自己面对任何考试和比赛都能做到从容淡定、不急不躁,也发挥出最高的水平。

成长从来不是一蹴而就的事情,每一个新生命从呱呱坠地到一天天长大,直到最终长大成人,不知道要经历多少次磨难和考验。古人云,

兵来将挡，水来土掩，男孩必须调整好自己的心态，做好充足的准备，才能真正强大起来。从现在开始，就让我们善待对手吧，当我们足够自信，我们还会主动帮助对手获得提升，这何尝不是一种对自己的促进和成就呢！

2

男孩淡定从容不攀比，尊重同学好人缘

孩子在成长的过程中，要度过漫长的校园时光，因此，学会与同学相处，就显得尤为重要。很多男孩在学校里和在家里一样任性霸道，所以人缘很差，每天在学校里过得都很不开心；也有些男孩特别喜欢与同学攀比，所以同学关系剑拔弩张。尊重总是相互的，男孩要做到尊重同学，主动向同学伸出橄榄枝，这样才能收获好人缘。在同学关系中，男孩尤其要注重与同桌的相处，这样才能在同桌的陪伴下，怀着快乐的心情度过每一日的校园时光。

座位上的"三八线"

小故事

啾啾和闹闹都是班级里的开心果,他们性格活泼开朗,不管有什么集体活动都会积极参与,而且特别热心,每当有同学需要帮助的时候,他们总是冲在最前面,从不吝啬自己的力气。正因如此,很多同学都喜欢啾啾和闹闹。然而,让大家百思不得其解的是,这两个开心果自从新学期开学成为同桌后,总是闹别扭,爆发矛盾。这不,啾啾还去找老师调换座位了呢!

原来,啾啾和闹闹都自认为是班级里最快乐、最受人欢迎的人。原本,他们不是同桌,各自逗同学们开心。现在,他们变成了同桌,为了争论谁才是名副其实的开心果,闹得很不愉快。啾啾一气之下在座位上画了一道"三八线",不允许闹闹超过这条"三八线"。但是闹闹为了惹怒啾啾,总是故意越过"三八线"。就这样,他们之间的关系越来越糟糕,简直到了不可调和的程度。

有一天考试的时候,啾啾忘记带橡皮了,又不好和前后排的同学借用橡皮,就向闹闹借橡皮。不想,闹闹以他不能越过"三八线"为由,拒绝借橡皮给啾啾用。啾啾只好向前排的同学借橡皮用,被老师看到了,还以为他和前排同学作弊呢,于是狠狠地批评了他一顿。啾啾委屈极了,把这笔账都算到了闹闹头上,当即就去找老师要求调座位,再也不想和闹闹坐在一起了。

得知事情的原委后,老师语重心长地对啾啾和闹闹说:"你们俩都是同学们的开心果,为何你们反而相处不来了呢?同桌之间就应该

> 互相帮助，我想，你们也不用争到底谁才是真正的开心果，如果你们能够借助于成为同桌的机会相互促进，那么一定会爆发出更大的欢乐能量。一加一，可是远远大于二呀。"在老师苦口婆心的劝说下，啾啾和闹闹恍然大悟，他们当即表示不再划分"三八线"，有任何问题都互相帮助。果然，他们成为好朋友，给同学们带来了更多的欢乐。

分 析

人在学校，男孩难以避免地要和各种各样的同学打交道。如果与同学之间井水不犯河水，划定"三八线"，那么男孩与同学不会有太多的交集；如果与同学有深入的交往，加深了对同学的理解，那么在与同学的关系更加亲密的同时，男孩也不会与同学产生各种矛盾和纷争。

解决方案

人际关系，向来是很难处理的。现代社会中，有很多孩子都是独生子女，在家里已经习惯了任性妄为，因此在进入学校和不同的同学相处时，就会磕磕绊绊。其实，要想处理好人际关系，只要把握好几个原则，就能如愿以偿。

第一点，尊重他人。在任何类型的人际关系中，尊重都是基础。男孩必须先尊重他人，才能得到他人的尊重。如果男孩从来不懂得尊重他人，对待他人居高临下，颐指气使，那么自然会惹得他人不满，与他人之间的关系也就会变得紧张。

第二点，真诚友善。对待他人，除了要表示尊重之外，还要真诚友善。每个人都是我们自己的镜子，我们以怎样的面貌对待他人，他人就会以怎样的面貌对待我们。很多男孩抱怨他人特别虚伪，不够真诚，那么先不要急着抱怨，而要先反思自己对他人是否足够真诚。

第三点，要心怀宽容。如果男孩从小在家庭生活中有什么要求都会被满足，那么他们渐渐地就会形成以自我为中心的错误想法，认为身边的人理所应当地要满足自己的需求。这种自我中心观点是很糟糕的，会让男孩无法与他人处好关系，处处不受欢迎。男孩要以宽容的心对待他人，而不要总是苛责和挑剔他人。

第四点，设身处地，学会谅解。很多男孩都不能设身处地为他人着想，相反，他们总是站在自己的角度上思考问题，指责他人，这使他们常常吹毛求疵，因此与他人的关系剑拔弩张。一个人不是他人，永远也不可能知道他人真实的想法和苦衷。越是如此，我们越是要有意识地换位思考，尽量站在他人的立场上理解和体谅他人，这样才能学会谅解。

第五点，吃亏是福，不要斤斤计较。很多男孩都小肚鸡肠，对于自己的得失，他们计算得清清楚楚，不愿意吃任何小亏。其实，得与失是可以相互转化的，有的时候得到就是失去，有的时候失去就是得到。例如，我们为了得到更多，和同学睚眦必较，却失去了同学的友谊；再如，我们主动谦让同学，看似吃了一点点小亏，却由此结交了一个好朋友，收获了纯真的友谊。当男孩不再斤斤计较的时候，就能收获更多的友谊，就能收获更多的美好，这不就是最大的得到吗？

小贴士

每一个男孩都想成为男子汉，那么就不要被"三八线"阻挡住，也不要让"三八线"切断与同学之间的友谊。只有敞开怀抱接纳同学，只有设身处地理解同学，只有竭尽所能地帮助同学，男孩才能拥有好人缘，不管走到哪里都受人欢迎。

■ 面对新同桌，主动伸出橄榄枝

> **小故事**
>
> 　　皮特有个老同桌艾米。之所以说艾米是皮特的老同桌，是因为皮特已经与艾米同桌两年了，在四年级和五年级，他们一直是同桌。到了六年级，皮特兴致勃勃来学校报到，却发现他的同桌艾米没有来。皮特当即找到老师询问情况，这才知道艾米因为爸爸工作的原因转学了。皮特怅然若失，也忐忑不安，他很担心，不知道自己将会有一个怎样的新同桌。
>
> 　　巧合的是，皮特班级里转来了一名新同学朱莉，老师就让朱莉坐到了皮特的身边。朱莉原本在农村读书，跟爷爷奶奶住在一起，直到今年，她的爸爸妈妈才在这个城市里买了属于自己的房子，所以就迫不及待地把朱莉接到身边了。看到朱莉怯生生的样子，连普通话也不会说，皮特不由得想念起艾米来。第一天，皮特除了朱莉刚刚坐过来的时候和朱莉打了个招呼，一整天都没有和朱莉说话。次日，皮特想到朱莉转学到了新的城市、新的学校和新的班级，一定很害怕很紧张，不由得对朱莉产生了同情心。他友善地和朱莉打招呼，还向朱莉介绍班级里的每一位老师和每一位同学。在皮特的帮助下，朱莉很快就适应了新学校、新班级，还渐渐地学会了说普通话呢！就这样，皮特与朱莉成为了很好的朋友，虽然他们后来考入了不同的初中，但是他们的友谊从来没有丝毫减弱。

分 析

进入小学六年级,孩子们都长大了。不管是男孩还是女孩,身高更高,心理上也更加成熟,待人处事理应更加周到。皮特虽然很怀念自己的老同桌艾米,但是艾米既然已经转学离开了,他就只能接受新同桌。幸好,皮特很快就调整好了心情,主动对朱莉伸出橄榄枝,主动帮助朱莉度过适应期。

人与人之间的相处是很微妙的。曾经有人做过一个实验,当一个人面色严肃地面对周围的人,那么周围的人也会满脸严肃地对待他。反之,当一个人面带笑容地面对周围的人,那么周围的人也会面带微笑地和他打招呼,就这样,人与人之间的气氛马上会变得热烈和活络起来。所以当男孩面对陌生的同桌时,不要只想着让同桌主动搭讪自己,男孩何不宽容大度一些,主动和同桌打招呼呢!

解决方案

在学校里,虽然同桌经常会变,但是同桌之间的情谊不应该改变。俗话说,十年修得同船渡,那么,要多少年才能修得成为同桌呢?同桌每天朝夕相处,一起学习,一起成长,在最纯真美好的年纪里陪伴着彼此,缘分也是特别深厚的。

具体来说,男孩如何与新同桌打招呼和相处呢?

第一种,开门见山式。主动地和同桌打招呼,介绍自己的基本情况,也询问同桌的基本情况,这就算认识了。这样的方式简单直白,效果显著。

第二种,说说天气。众所周知,中国人见面搭讪往往会问"吃了吗",而英国人因为特殊的地理位置,常年雾气浓重,很少见到太阳,所以他们搭讪的最好话题就是天气。男孩何不也向英国人学习说说天气呢，此外还可以说说作为学生都耳熟能详的话题，例如，聊起一位当红的明星，说起社会上尽人皆知的热点新闻等。总之，只要想与对方攀谈，总能找到好方法。

第三种，向对方求助，或者给予对方帮助。男孩与同桌之间的距离特别近，当有需要的时候，男孩可以主动求助于同桌；当意识到同桌需要帮助的时候，男孩也可以主动提供帮助。俗话说，远亲不如近邻。在学校里，同桌就是男孩的近邻，一定要利用距离上的便利与同桌加深了解，互相帮助。拥有一个好同桌，男孩的学习生涯就会更加愉快，也会变得令人期待。

第四种，好聚好散。虽然男孩与同桌之间并没有明显的利益冲突，但是在男孩与同桌性格不合的情况下，想要长久地相处也是很困难的。如果男孩真的认为自己与同桌相处不来，那么切勿和同桌争吵打闹，而是要本着好聚好散的原则，和同桌商议好调动座位，各自去找对自己最合适的同桌。在保持同桌关系期间，当与同桌之间产生争执或者矛盾时，要本着以和为贵的原则，友好协商，和平解决问题。退一步来说，即使不再是同桌，也依然是同班同学。看到这里，男孩们，你们是否已经在心中轻轻地哼唱《同桌的你》了呢？美好的纯真年代，青涩的青春岁月里，我们要感谢同桌的一路相伴，一路同行！

■ 用好文具，避免伤人

> **小故事**
>
> 周末，美术老师在班级群里发布消息，让家长们提醒孩子周一带

壁纸刀去学校上美术课。家长们在看到消息的第一时间，就赶紧让孩子们准备好壁纸刀。浩浩也提前把壁纸刀放入了书包里，以防第二天早晨时间匆忙会遗忘。

周一中午，妈妈接到了老师的电话，老师让浩浩妈妈赶紧去学校一趟，还说浩浩拿着壁纸刀伤到了同学。妈妈接到电话非常担心，都没来得及和领导请假，就第一时间赶往学校。一路上，妈妈心中直打鼓：壁纸刀那么锋利，不知道浩浩把同学伤得是否严重，要是严重可就糟糕了。妈妈火急火燎地赶到学校，第一时间就想找班主任了解情况。妈妈没有找到班主任，原来，班主任带着受伤的孩子火速去医院了。一位任课老师接待了浩浩妈妈，告诉浩浩妈妈受伤孩子去的医院，妈妈赶紧带着浩浩赶过去。

到了医院，受伤的孩子已经缝合结束了，父母也已经赶到了。班主任老师生怕双方父母发生冲突，赶紧说："这里是医院，不方便说话，我们回到学校，去办公室里说吧。"回到学校，在两个孩子的讲述下，大家得知了真相。原来，浩浩在上完美术课的课间里和同学打闹着玩，假装拿起刀威胁同学，让同学服从他的要求。同学反抗，浩浩就虚张声势地拿着刀比划，却没想到有个人撞击了躲闪的同学一下，同学的手就被壁纸刀划伤了，缝合了六针。双方父母针对这件事情进行了协商，受伤孩子的父母虽然原谅了浩浩，但是要求浩浩必须从这件事情中吸取教训，杜绝再犯。妈妈和老师也严肃批评了浩浩，浩浩深刻意识到不能拿着锋利的刀具和同学嬉笑打闹。这个时候，妈妈还提醒浩浩："不仅不能拿着刀具，在学校里玩闹的时候，也不能拿着尖锐的笔、尺子等。这些东西看似安全，实际上在快速奔跑的过程中特别危险。"妈妈又诚恳地向受伤孩子的父母道歉，表示回到家里会继续对浩浩进行安全教育。

分析

在这个事例中,壁纸刀划伤手部缝合六针的后果是很严重的,如果不小心划伤了同学的面部,尤其是刺伤了眼睛,那么结果更是不堪设想。孩子们都还小,不知道轻重,所以父母一定要对孩子做好安全教育,一则要教会孩子保护自己,避免受到伤害,二则是要提醒孩子不要拿着尖锐的东西和同学们在一起玩闹,否则伤到了别人也是很糟糕的。

文具是孩子们学习时使用的用具,只要正常使用,是不会发生危险的。但是如果在使用的过程中,拿着文具打打闹闹,或者在和同学吵架的时候,把文具作为武器使用,那么就会导致特别严重的后果。据网络新闻报道,曾经有一个男孩因为与同学发生矛盾,特别生气,居然用壁纸刀划伤了同学的后背,导致同学的背部被缝合了几十针。这已经不是玩笑的打闹了,而是恶意的伤害。为了杜绝这种情况出现,父母必须防患于未然。

解决方案

具体来说,要想避免孩子因为使用文具不当而伤害他人,父母要做到以下几点。

第一点,让孩子尽量不要带尖锐的刀子、剪刀等用具去学校。孩子的情绪容易冲动,自控能力比较差,一旦情绪激动,就有可能在冲动之下做出过激的举动。为了避免意外的事件发生,可以给孩子提供安全剪刀。

第二点,告诉孩子,当手中拿着各种笔的时候,不能奔跑打闹。笔是用来写字的,不写字的时候,就应该把笔放下,而不要拿着笔四处走动。很多情况都会突然发生,例如,孩子拿着笔正在走,突然有人在身后撞了孩子一下,那么孩子就有可能摔倒,尖锐的笔尖就有可能刺入孩子的身体,甚至刺入孩子的眼睛。如果孩子手中没有拿着笔，那么只是摔一跤，后果并不会很严重。

　　第三点，要教会男孩制自己的情绪，不要冲动暴怒。有人说，冲动使人的智商瞬间降低，这么说其实是有道理的。青春期的男孩更是暴躁易怒，也特别敏感。有的时候，因为别人一句无心的话，他们就会很生气，或者对他人怀恨在心，想寻找机会报复他人。如果男孩能够心平气和地面对这一切，多多理解他人，宽容他人，真正地体谅他人，也劝说自己不要如此冲动，那么也许等到情绪的洪峰过境之后，男孩就会意识到一切事情都没什么大不了的。

　　第四点，父母要对孩子进行安全教育，老师要多多关注孩子的反常情绪。和在幼儿园里得到老师无微不至的照顾不同，孩子们自从进入小学一年级，虽然在学校里还是需要接受老师的监管，但是他们比起幼儿园时期已经更加独立了。父母要未雨绸缪，提前对孩子进行思想教育，帮助孩子做好心理准备，迎接小学生活的到来。很多孩子在家里骄纵任性，在学校里也依然霸道横行，却不知道学校里的老师不是父母，学校里的同学不是兄弟姐妹。男孩一定要收敛自己的坏脾气，更加有礼貌，更加懂道理，才能与同学们更好地相处。

小贴士

　　总之，男孩要始终牢记一点，文具是用来学习的，不是用来打架的，更不是用来泄愤的。学习的时候，我们要拿起文具，把作业写得工工整整，漂漂亮亮；玩耍的时候，我们就要放下文具，拿起真正的玩具，如球类、毽子、跳绳等各种好玩的东西，玩个痛快。

调整座位，结交更多好同学

小故事

博博和瑞瑞是好同桌，也是好哥们儿。从初一开始，他们就是同桌，到现在已经进入初三新学期了。原本，他们以为会继续当同桌，却没想到初三到来，为了准备复习，老师对班级里的座位进行了大调整，总体的原则是一个优等生配一个中等生，再配合两个落后生，前后四个人形成学习互帮互助小组。因为博博和帅帅的学习成绩都很好，都是出类拔萃的学生，所以老师只能把他们调整开，让他们分别担任两个小组的学习组长。

得知这个消息，博博和瑞瑞当即去找老师求情，恳求老师不要把他们调整开。博博对老师说："老师，我和瑞瑞都同桌两年了，我们最大的愿望就是能同桌三年。请您成全我们吧！"听到博博的话，老师忍俊不禁地说："你这么说，好像是要分开多远一样，不是还在一个班级里吗！"瑞瑞也请求老师："老师，你就把我当成中等生，和博博搭配起来，我们俩一起负责两个落后生。"老师说："优等生组长本来就不够，可不能再把你打折成中等生啦！"不管博博和瑞瑞怎么说，老师主意已定。无奈之下，博博和瑞瑞只好心不甘情不愿地分开了。他们都不愿意和新同桌交往，每当下课，还是会和对方一起玩。看到博博和瑞瑞的表现，老师只得继续给他们做思想工作："博博，瑞瑞，老师把你们的座位调开，就是想让你们分别关注关注其他同学，带动带动其他同学。我不是说不让你们太过亲近，你们当然可以亲近，但是能不能把你们的同桌带着呢？"博博和瑞瑞都面露难色，异口同声地说："我们只想和对方玩。"

老师语重心长说:"你们不但是自己,还是集体的一员,要融入集体啊。你们也是班级里的先进分子,更是要为老师排忧解难。你们都各自结交更多的同学,潜移默化地影响更多的同学,渐渐地,我们班级里的风气就会越来越好的。"听到老师苦口婆心的话,博博和瑞瑞这才意识到老师的苦心,因而都同意各自结交新朋友,大家一起玩。

分 析

在学校里,每隔一段时间,老师就会组织调整座位,一则是害怕孩子的眼睛长期保持一个方向会出现斜视的情况,二则也是为了让孩子们周围的同学不停地变化,这样孩子们以就近原则,就会和身边不同的同学搞好关系,班级整体的氛围就会更加和谐融洽。

有些孩子一直都是同桌,也是好朋友,像博博和瑞瑞这样,就会抗拒调整座位。对于他们而言,调整座位意味着他们失去了熟悉的同桌,不得不和新同桌进入磨合阶段。出于这种想法,很多孩子就不愿意调整座位。

解决方案

面对老师调整座位的行为,男孩如果能从以下几个方面考虑,就将更愿意接受。

第一点,调整座位是为了保护视力。孩子们的眼睛还没有发育完全,如果始终坐在教室的一侧斜视黑板,那么可能导致眼球出现异常,甚至影响视力。

很多老师调整座位都采取滚动的方式，从而照顾到每个孩子的视力。

第二点，调整座位可以交往其他同学。孩子们正处于身心发展的关键时期，只与身边的几个同学交往是远远不够的。老师及时帮助孩子们调整座位，让孩子们和班级里更多的孩子成为同桌，那么孩子们之间的关系就会越来越好，这也是增强班级凝聚力的好方式。

第三点，调整座位可以学习其他同学身上的优点。子曰："三人行，必有我师焉。"每个同学的身上都既有缺点，也有优点，既有短处，也有长处。很多男孩坐井观天，没有见识过其他同学的出色，就误以为自己是最厉害的。俗话说，人外有人，天外有天，只有真正见识到其他同学的厉害，孩子们才能保持谦虚的心态，积极地向其他同学学习。

小贴士

总之，每一个班级都是一个集体，孩子们既然在学校里学习和生活，就要积极地融入班集体。一个人即使能力再强，也不可能面面俱到地做好每一件事情。要想不固步自封，孩子就要发扬自己的长处，学习他人的优点，从而让自己成长得更加全面，更加快速。

积极参加班级和学校活动

小故事

最近，学校里要举行演讲比赛，老师把这个消息告诉了同学们，还号召同学们积极参与，同学们全都发出唏嘘声。老师当然知道，这是同学们在表示抗拒呢！老师无奈地说："真不知道你们都是怎么回事，小学的时候要是遇到这样的机会，一个个都恨不得挤破了脑袋往前冲。现在进入初中阶段，反而都不愿意参与集体活动了，难道你们只喜欢学习吗？"听到老师的质问，同学们哄堂大笑起来。他们当然不是只愿意学习，而是因为很发愁参加集体活动，也许是因为长大了，越来越害羞了吧。

老师无奈地摇摇头，说："对于你们而言，学习固然重要，但是学习只是成长的重要部分而已，并不是全部啊。"说着，老师面向全体同学说："同学们，我希望大家积极踊跃地报名参加学校和班级里的各项活动，锻炼胆量，提升素质，这对于你们的成长是极其有好处的。"

在老师的大力号召下，乐乐第一个报名参加演讲比赛。他说："我妈妈特别支持我参加学校里的各项活动，她说，她不希望我成为只会学习的书呆子。"老师由衷地对乐乐竖起大拇指，说："你妈妈真是懂教育的人！"

得知乐乐要参加演讲比赛，妈妈大力支持，还主动提出要帮助乐乐修改演讲稿呢！看着把演讲稿熟练背诵下来、语气慷慨激昂的乐乐，妈妈欣慰极了。后来，乐乐果然取得了好名次，一下子就成为全校的名人，还结识了更多的朋友呢！

分析

如今，很多父母都把孩子的学习看得至关重要，这原本是没错的，但是父母却不应该把孩子看作是学习的机器，认为孩子除了学习，就没有其他的事情需要做了。孩子的成长应该是立体的，也应该是全面的。如果孩子片面地只注重提高知识水平，而成为不折不扣的书呆子，那么将来会很难适应社会的发展。

父母应该支持孩子全面发展。未来的社会需要的是全面发展的人才，需要孩子有极高的素质和全面的能力。那么，素质和能力如何提高呢？父母一味地教育孩子要提升素质，提高能力，是很难奏效的。孩子的成长应该渗透在生活的点点滴滴中。例如，父母要支持孩子参加集体活动，父母要引导孩子与同学友好相处，父母要鼓励孩子在学习方面攻克难关，这些对于提升孩子的综合素质都大有裨益。

解决方案

那么，具体来说，参加学校和班级的集体活动有哪些好处呢？

第一点，多多参加集体活动，让孩子增长见识。很多孩子坐井观天，从来不知道人外有人，天外有天，也不知道自己还有很大的进步空间，就盲目乐观，认为自己很多方面都表现得特别出色。孩子只有多多见识那些优秀的人，才能知道自己的不足和缺点，才能主动地提升自己的能力，完善自己的方方面面。

第二点，多多参加集体活动，让孩子增加胆量。很多父母都为孩子心理素质差而感到烦恼，认为孩子拿不上台面，一旦遇到大一些的场合或者大规模的赛事活动，就会因为紧张而头脑一片空白，无法发挥出自己最高的水平，这当然是很糟糕的。锻炼孩子胆量的最好方式，就是让孩子积极地参与集体活动，当孩子把当众表演当作是家常便饭，他们就不会再因为紧张而结结巴巴，甚至连一个字都说不出来。

第三点，发展孩子的兴趣爱好。对孩子而言，如果他们的成长中只有学习，只有考试，只有成绩，那么也太无趣了。孩子理应有更为广阔的成长天地，理应有更精彩纷呈的生活，理应有更加美好的未来。有朝一日，孩子长大了，离开了校园，开始投入紧张忙碌的工作，在感到身心疲惫的时候，他们还可以做一些自己喜欢的事情，让自己得到安慰，让精神上的压力也得到缓解。

第四点，让孩子发现人生更多的可能。没有人生而知道自己擅长什么，不擅长什么，孩子也是如此。那么，为何有的孩子发现了自己的天赋，而有的孩子却始终懵懵懂懂，不知道自己到底擅长什么呢？正是因为尝试的事情不够多。很多事情，不试一试，我们怎么知道自己不行呢？换言之，很多事情，不试一试，我们怎么知道自己能行呢？只有不断地尝试，只有努力地创新，我们才能找到人生的方向，也才能抓住自己的天赋，有更好的表现。

> **小贴士**
>
> 男孩的人生充满了无限的可能，因而既不能拘泥于现实，也不能被还没有发生的困难打败。父母要支持男孩进行各种尝试；男孩要看到人生无限的可能性，勇敢地去尝试。只有不断地开拓创新，男孩才能拥有精彩的人生！

■ 理解同学苦衷，友善对待同学

> **小故事**
>
> 博博和瑞瑞是好朋友，好得恨不得穿一条裤子。原本，对于老师把他们俩的座位调整开来的事情，他们很不满意，是在老师苦口婆心

的劝说下，他们才接受的。但是，最近这段时间，他们却闹起了别扭，谁也不理谁。

一个偶然的机会，老师发现博博和瑞瑞互相谁也不理谁，因而找到瑞瑞询问原因。老师问："瑞瑞，你最近和博博怎么了？"瑞瑞莫名其妙地回答："不知道啊，博博突然不理我了，我也就不理他了。"老师感到很纳闷："不应该啊，按理来说，他现在最需要你的陪伴，而你作为他最好的朋友，此刻也应该陪伴在他的身边，陪着他度过最难熬的这个阶段啊！"瑞瑞更奇怪了，当即问老师："什么最难熬的阶段？老师，博博怎么了？"老师很惊讶："难道你不知道吗？"瑞瑞点点头，老师迟疑着说："既然博博没有告诉你，我不能在未经他允许的情况下告诉你，你还是自己去问他吧。"瑞瑞更加好奇了，央求老师告诉他，老师说："我只能告诉你，博博现在需要朋友的陪伴，他情绪不佳也不是因为你。"

从办公室里出来，瑞瑞第一时间就去找博博询问情况。在他的追问下，博博哭着说："我爸爸妈妈离婚了，我笑不出来，也不想和人说话，我不是生你的气。"瑞瑞恍然大悟，当即向博博道歉："对不起啊，博博，我不知道你家里居然发生了这么大的事情。我看到你不愿意搭理我，还以为你是在生我的气呢。你这么难，我应该陪在你的身边。"就这样，博博和瑞瑞尽释前嫌。虽然博博不想说话，瑞瑞却始终陪伴在博博的身边。在瑞瑞的陪伴下，博博的心情渐渐好了起来，他很庆幸自己还有瑞瑞这样的好朋友。

分析

对于男孩而言，朋友的陪伴是很重要的，尤其是在男孩心情低落的时候，有朋友在身边，他们就不会感到那么寂寞和孤独了。男孩要对朋友多一些理解和体谅，也要多多宽容朋友。所谓朋友，就是在高兴的时候分享快乐，就是在伤心的时候分担忧愁。

解决方案

现实生活中，有些男孩习惯于以自我为中心，不管考虑什么问题都从自身的角度去思考，完全忽略了他人的需求，这可不是一个好习惯。在人际相处中，如果男孩总是以自我为中心，就会在不知不觉中伤害他人，也就无法以理解和体谅善待同学。男孩要做到以下几点。

第一点，男孩要宽容友善。每个人做事情都有自己的苦衷，男孩不要总是一味地指责同学，而是要知道同学不开心的背后隐藏着怎样的烦恼，这样才能帮助同学消除烦恼，解决难题。

第二点，男孩不要苛责同学。有些男孩对自己要求很高，做到了严于律己，却没有做到宽以待人，他们对待他人的要求甚至更高。男孩始终都要牢记，对自己可以严格要求，对他人却要宽容以待。唯有如此，男孩与同学之间才能搞好关系。

第三点，学会体察他人的情绪。上述事例中，瑞瑞体察到博博情绪异常，却没有给予博博更多的关注和关心。男孩要学会体察他人的情绪，也要及时地关心他人，帮助他人。人与人之间的善意都是相互的，男孩付出了爱与友善，也必然会收获爱与友善，人际关系正是在这样的过程中才变得越来越美好。

3

男孩知人知面也知心，良好社交重情义

男孩要想拥有良好的社交，就必须知人知面也知心。俗话说，路遥知马力，日久见人心。男孩必须有足够的耐心，在社会交往中尊重他人，真诚对待他人，才能得到他人同样的对待。男孩应该保持良好的社会关系，不与社会上的闲杂人等交往，这样才能避免近墨者黑，健康茁壮地成长。

与同学结伴上学与放学

小故事

自从上了四年级，又过了十岁生日，小伟就坚决拒绝爸爸妈妈接送他上学放学了。他振振有词地说："我们班级里有很多同学都是独立上学和放学的，我也能做到。"为了保证小伟的安全，妈妈只好询问了小伟十几个问题，例如，如何看红绿灯，如何过马路，以及如何避让车辆，小伟都对答如流。思来想去，妈妈只好答应小伟的请求，而后又让爸爸负责保护小伟。

爸爸偷偷地保护小伟一段时间之后，认为小伟已经具备了独立上学和放学的能力，就不再暗中跟踪保护小伟了。后来，小伟还与班级里几个顺路的同学结伴而行，每天放学上学的路上都可以做伴，还能说说笑笑，非常开心。

这一天，小伟上学的路上和同学一起说话，看到路口是绿灯，他们当即快速通行。然而，他们却忘记了看一看红灯的方向有没有车辆。就在小伟和同伴们走到道路中间的时候，只听见一声刺耳的刹车声，小伟就什么都不知道了。等到醒来的时候，小伟发现自己正躺在医院里洁白的病床上，隔壁病床上还躺着他的另外一个同伴。原来，有辆车闯红灯，把小伟和同伴们撞倒了。小伟的右腿骨折了，同伴的胳膊骨折了，还有轻微脑震荡。爸爸妈妈们全都留在病房里守护着他们，两位妈妈哭得眼睛通红。小伟妈妈看到小伟醒来了，心疼地说："小伟啊，要不是你闹着非得自己上学放学，哪里会遭这个罪呢！"然而，后悔也晚了，况且事故的根源根本就不在小伟。

后来，交警过来调查事故发生的原因，认可了小伟和同伴们按照交通信号灯的指示过马路的好习惯，却也提醒小伟："虽然每个人都应该遵守交通规则，但是总有些人是会闯红灯的。所以只是保证自己遵守交通规则没有用，还要防备着那些不遵守交通规则的人。你们过马路之前如果不仅仅看红绿灯，也能看一看其他车道的车辆通行情况，说不定这次事故就能避免了。"小伟陷入了沉思，良久才说："但是，这次事故不怪我们啊！"交警安抚他说："的确，这次事故是肇事车辆全责，但是你们都骨折了，多么受罪啊，还耽误上学，对不对？我们的目的是避免事故发生，而不是在事故发生之后追究责任。如果能够防患于未然，那才是最好的。"小伟恍然大悟，当即表态："警察叔叔，我以后过马路的时候，一定会左看看右看看，前看看后看看，关注四面八方。"交警欣慰地点点头。

分 析

在这个事例中，虽然责任方是肇事车辆，但是受罪的人却是小伟和他的同伴，即使界定了责任，他们也要躺在病床上很长时间，不但人受罪，还耽误上学呢！

男孩原本就比较急躁和粗心，如果在上学和放学的路上过马路时不能做到专心致志，确认没有危险的情况再过马路，那么就很有可能会发生危险。尤其是在车流密集的大城市里，道路上有很多车辆通行，很多行人也因为生活紧张忙碌而步履匆匆，一切都是快节奏的，这就极大地加大了交通事故发生的概率。男孩要想得到父母的许可，独立上学和放学，首先要确保自己的安全，不仅要自己遵守交通规则，还要避免他人违反交通规则对自己造成伤害。

除了交通安全之外，有些男孩性格急躁，脾气火暴，在独立上学和放学的道路上，还很有可能因为一些小小的意外情况，或者与他人一言不合就吵闹起来。有些男孩喜欢说脏话，那么一旦与他人发生冲突，就会因为出口成"脏"而惹恼他人，导致事情一发而不可收拾。男孩每时每刻都要提醒自己控制好情绪，不管是发生交通事故，还是与他人发生矛盾冲突，都要保持冷静和理性，这样才能让自己更好地处理和解决问题。

解决方案

具体而言，男孩要做到以下几点。

首先，男孩可以与同学结伴而行，彼此陪伴。这样万一遇到危险的情况，至少有帮手，身边的人也可以及时向他人求助。男孩与同伴之间要相互帮助，相互关心，切勿因为一些小事情就闹矛盾。

其次，男孩要控制好自身的情绪。任何时候，生气都不能解决问题，反而会导致问题变得更加糟糕。男孩唯有保持冷静和理性，才能积极地想办法解决问题，才能以和善友好的方式与他人沟通。只要沟通到位，很多棘手的难题就会迎刃而解。

再次，男孩不要斤斤计较。男孩与他人之间难免会磕磕碰碰，出现各种矛盾，也有可能出现利益冲突。在这种情况下，男孩要学会让步，要有宽容的心。俗话说，进一步万丈深渊，退一步海阔天空。当男孩以吃亏作为福气，就能保持平静淡然的心态，从容地面对一切。

最后，男孩要分清楚家里和家外。很多男孩从小在家里娇生惯养，不管有什么过分的要求，都能得到父母的满足。长此以往，男孩就会形成以自我为中心的思想，即使来到家以外的地方，也误以为自己理所应当得到所有人的宠爱，其实这是根本不可能实现的。在这个世界上，除了父母之外，没有任何人会无条件地对自己好，所以男孩在家里要知道感恩父母，来到家以外的地方对人要有礼貌，要尊重，这样才能得到他人同样的对待，也才能把危机消散于无形。

不与异性单独相处

小故事

不知从什么时候起,马波喜欢上了同班的一个女孩。这个女孩安静乖巧,勤学好问,品德高尚,不沾烟火气息,就像是无意间跌落凡尘的仙女。对于这个女孩,马波只是默默地喜欢,而不知道如何靠近。无奈之下,马波只好向好朋友杨洋求助。杨洋很讲哥们儿义气,当即表示为了帮助马波追求女孩,愿意两肋插刀。

为了给马波创造机会与女孩相处,杨洋特意举办了几次聚会,邀请了七八名同学参加。当然,马波和女孩都在受邀之列,就这样,马波与女孩结识了。后来,杨洋还特意买了两张电影票,给了女孩一张,给了马波一张。在马波去看电影之前,杨洋故弄玄虚地对马波说:"今天晚上可是机会难得,看完电影之后,你有很多的时间和女孩单独相处哦!"马波当然知道杨洋的意思,但是并不想像杨洋所说的那样去做。看完电影之后,他和女孩吃了点儿宵夜,就送女孩回家了。他自己呢,则乖乖地回到宿舍里,为第二天要上的课作准备。

分析

在这个事例中,马波显然是个正人君子。他虽然很喜欢女孩,却知道自己不能逾越雷池,因而在与女孩看电影之后,他请女孩吃了宵夜,就送女孩回家了。有些男孩容易冲动,面对自己喜欢的女孩时,往往不能克制冲动的情感,不知不觉间就会做出很多不该做的事情，这对于女孩而言是莫大的伤害。

青春期的恋爱就像是带刺的玫瑰，只能远观，不能近玩；也像是沾满露珠的玫瑰，那么娇艳，那么美丽。男孩要有足够的耐心等待自己长大，等待心爱的女孩长大。一旦心急，就会做出错事。为了让自己更加克制，遵守礼节，还要不给自己机会。例如，事例中马波不给自己机会与女孩单独相处，就是很好的处理方式。

解决方案

在进入青春期之后，每一个男孩都要学会与异性相处。在青春期，男孩会对异性更感兴趣，也更愿意与异性亲近。他们看到异性也许会面红耳赤，心跳加速，但是这丝毫也不影响他们想要亲近异性的心情。为了避免与异性单独相处，为了控制好自己对异性的感情，男孩要做到以下几点。

第一点，加深对自己的了解。很多男孩都不知道为什么自己在小学阶段不喜欢与异性相处，但到了青春期，却对异性怦然心动，充满热情。男孩只有了解其中的真相，才能更好地把控自我。其实，这一切都是激素在作怪。正是在激素的作用下，男孩才对异性更感兴趣，也充满好奇与渴望。

第二点，加深对异性的了解，了解异性与自己的不同。很多父母一听到早恋就如临大敌，认为必须压制男孩对异性的感情，才能避免男孩早恋，其实这样的想法大错特错。俗话说，强扭的瓜不甜。男孩对异性始终充满好奇，这样的好奇想要打消，可是没有那么容易的。正确的做法是帮助男孩了解异性，了解异性与自己的不同，这样男孩就不会再觉得异性是神秘且遥远的。随着对异性的了解日渐加深，男孩对异性的好奇心也就没有那么强烈了。

第三点，要多与异性交往，扩大与异性交往的范围。如果男孩的世界里只有极少数异性，那么他很容易就会对其中某一个异性产生好感。如果男孩的世界里有很多异性，而且男孩习惯于与众多异性交往，那么男孩就很难对其中某一个异性动心。

第四点，端正态度，健康交往。男孩在与同学交往的时候，不要只盯着性别，而应该只要想到对方是自己的同学。如果男孩思想单纯，那么与异性同学交往就会落落大方；如果男孩有其他的想法，那么在与异性同学交往时就会紧张害羞。

第五点，保持适度的距离，看破不说破。初恋的美好就在于若即若离，哪怕男孩对某个女孩有好感，也不要说破，否则很难把关系维持在这种美妙的程度。男孩如果发现女孩对自己的态度有了微妙的变化，那么就要及时调整交往的距离，以免因为彼此之间距离过近而导致对方产生其他想法。若即若离，是初恋朦胧的美，过了青葱岁月，也许就再也难以找到这样美妙纯真的感情了，所以男孩一定要用心珍惜。

小贴士

男孩正处于青春期，还没有设立人生的坐标，也还没有找准人生的方向。在这个阶段里，明智的男孩会把持好自己的感情，会把主要的时间和精力都用在学习上。男孩足够优秀，成为了真正的男子汉，一定会有心仪的女孩陪伴在身侧，一起享受幸福美好的爱情。

是非对错要分清，哥们儿义气不可要

小故事

自从升入初中之后，甲乙丙丁四个男孩就成了好朋友，他们还为自己的小团体起了个名字。原本,甲的学习成绩挺好的,只要多多努力,有望考上重点高中;乙的学习成绩也不错,上个普通的高中还是有希望的。在这个小团体中,丙和丁的学习成绩很糟糕,估计也就能混个初中毕业证,就要外出打工了。所以丙和丁的心思根本不在学习上,他们经常约着甲和乙去校外玩耍。渐渐地,甲和乙的心思也从学习上转移走了。他们既为自己不能好好学习感到不安,又无法拒绝丙和丁的邀请。

有一段时间,甲乙丙丁四个人经常去网吧里玩游戏。联机的游戏玩起来很过瘾,他们全都沉迷其中,没去网吧几次,就把身上所有的钱都花完了。这可怎么办呢?一天不去网吧,他们就感到浑身不舒服,仿佛丢了魂一样根本没心思上课,更没心思写作业。思来想去,丙和丁想出了一个"好主意":看看谁家没人在家,偷些钱财好上网。

听到丙和丁的想法,甲乙都很害怕,一致认为这件事情不可行。但是,后来乙也被丙和丁说服了,只剩下甲孤军奋战,表达反对意见。最终,甲只好随大流。但是他不敢翻墙入室盗窃,就负责在院墙外面把风。后来,偷窃了几次都得手之后,甲的胆子也越来越大,再加上乙丙丁都在同心协力地说服他,他也就不再抗拒了。在有一次盗取了几千元钱后,他们东窗事发,都被抓进了派出所。就这样,原本有着大好前途的甲乙也被学校劝退了,和丙丁一样受到了严厉的处罚。

甲的妈妈恨铁不成钢,几次三番询问甲为何要做出这样的糊涂事,甲懊悔地说:"他们都进去偷东西,就我什么也不做,等着分钱,这也太不讲哥们儿义气了。所以,我只能和他们一起。"妈妈痛心地说:"你就为了所谓的哥们儿义气,连是非对错都不分了,连自己的前途都葬送了。"

分析

在青少年犯罪的事例中，很多青少年之所以犯罪，并非像他人所想的那样是有预谋的，或者心肠多么歹毒，他们也许只是为了讲究哥们儿义气，只是为了从众。正因如此，他们才会懵懂无知地走上了犯罪的道路。还有些男孩特别好面子，一旦被他人使用激将法，马上就会失去理智，当即就要以冲动之举证明自己。其实，每个人无论做人还是做事，唯一需要做到的就是对自己负责，而不要过于在意他人的看法。

不可否认的是，很多青春期男孩都以讲究江湖义气为荣，然而，社会可不是江湖，社会上是有法律和道德准则来制约人的。一个人一旦违背了社会规则，做出一些逾越规矩的事情，就会受到惩罚。所以，即使再看重哥们儿义气，也不能失去了做人的原则和底线。

解决方案

要想避免讲究哥们儿义气，要想坚持做正确的事情，男孩就要做到以下几点。

第一点，分清楚友谊与哥们儿义气。朋友之间固然要互相帮助，互相支持，却不能眼睁睁地看着朋友做了错事，而不为朋友指明。真正的朋友，能够真心地为对方着想，当发现对方有错误的时候，也能直言不讳地为对方指出来。哥们儿义气与友谊最显著的一个区别就是，讲究哥们儿义气的人往往不会分辨是非，不分青红皂白地就维护所谓的哥们儿，就与哥们儿一个鼻孔出气，好得穿一条裤子。这是盲目服从，是没有理性的。

第二点，要公平公正，不要因为受到主观情感的影响就有失公允。俗话说，胳膊肘不能朝外拐，这就是典型的感情用事。有一句话与这句话恰恰相反，那就是向理不向人，这句话的意思是说并不因为与谁关系好就偏向谁，而是要看谁有道理，谁值得支持。当然，要想做到这一点，前提也是有原则，有底线，秉公办事。

第三点，在大是大非面前，切勿好面子，讲义气。面对大是大非，面对真正的朋友，我们要真心为对方好，维护公平和正义，也要为对方指出做得不对的地方。很多男孩都为了所谓的哥们儿而犯错，人们常说好朋友要有福同享，有难同当，指的是好朋友之间要甘苦与共，而非眼睁睁地看着朋友往火坑里跳。所以在哥们儿的小团体里，只要有一个人保持清醒，保持理性思考，事情就不会变得那么糟糕。

第四点，学习法律，懂得法律，也要遵守社会道德规范。在这个世界上，尽管人人都崇尚和追求自由，真正的自由却是不存在的。这是因为所谓自由，都是在规则和法律约束范围内的自由，而不是绝对的自由。一个人越是想要获得自由，越是要主动地遵守规则，主动地遵守法律，这样才能享受最大限度的自由。反之，一个人一旦触犯了法律，违反了社会道德，就会彻底失去自由，接受法律的制裁。

人活在这个世界上，不能总是人云亦云，不能没有原则和底线地为所欲为。唯有坚持做人的原则和底线，在面对很多问题的时候始终坚持以公平为准则，既不对他人阿谀奉承，也不对他人居高临下，才能行得端坐得正，也才能做到问心无愧，得到他人的认可与肯定。

> **小贴士**
>
> 男孩一定要记住，凡事皆有度，过度犹不及。不管是对待朋友，还是对待同学，抑或是对待亲人，男孩都要讲究适度。尤其是在校园生活中，要极力避免拉帮结派，同学之间可以互相帮助，但不要形成不正当的小团体，否则只会使不正之风在校园里盛行。

学会拒绝，不当老好人

小故事

新学期开学没多久，小马因为家距离学校比较远，每天奔波回家太浪费时间，所以向学校申请住校。因为学校里每个班级住校的学生零零散散，所以同学们都是混合在一起居住的。如果在开学之初就申请住校，还有可能被分配和同班同学一个宿舍，由于小马申请得晚了，所以他只能插入其他班级的同学之间。小马明显感觉到自己就像是一个局外人，没有融入集体之中。为了尽快地与同宿舍的同学拉近关系，融入宿舍这个小集体里，小马费尽心思，主动承包了宿舍里的很多杂事，每当宿舍里的同学有求于他时，他也总是有求必应，从来不吝啬自己的时间和力气。刚开始时，大家还都感谢小马的热心肠，随着时间的流逝，大家都觉得小马做一切事情都是应该的，再有求于小马的时候也都带着理直气壮的气势了。

宿舍里选举宿舍长，大家都知道当宿舍长是个苦差事，所以都避之不及，纷纷推荐小马。小马"盛情难却"，只好勉为其难地接受了这个职务。从此之后，小马更加忙碌了。尽管排了值班表，但是负责值日的同学总是敷衍了事，渐渐地，小马几乎每天都要帮助值日的同学打扫卫生。有的时候，小马想责令值日的同学重新打扫，却被他们一句话搪塞回来："舍长大人，帮帮忙吧！"因为在宿舍里花费了太多的时间和精力，小马在学习上感到越来越吃力，学习成绩也有所下滑。无奈之下，他只好申请走读，不再住校了。

小马不仅在宿舍里是个老好人，在班级里也不懂得拒绝。同学们

> 不想打扫卫生，就要求小马打扫；不想负责班级事务，就让小马帮忙；甚至连不想写作业，也会找小马代劳。小马终于意识到问题所在：原来，不是宿舍里的同学们欺负他，而是因为他不懂得拒绝，就成为了人善被人欺、马善被人骑的典范。小马下定决心要改变自己，在又一次被同学求助之后，他斩钉截铁地拒绝了同学的请求。同学尽管很失望，也很生气，但是小马丝毫不后悔。他很清楚，等到被他多拒绝几次之后，那些总是向他提出不合理请求的同学，就不会再"欺负"他了。

分析

生活中，很多男孩都不懂得拒绝他人。他们就像事例中的小马一样，总觉得自己只要尽心竭力地帮助他人，就能得到他人的认可与肯定，就能得到他人真心真意的感谢。其实，这样的想法并不完全正确。人的本性是贪婪的，也许最初会觉得他人帮忙是好意，但是随着他人无条件帮忙的次数越来越多，他们就会觉得他人帮忙是理所应当的。这样一来，好心人帮忙非但不能得到感谢，反而还会因为偶尔一次帮忙不到位或者拒绝帮忙而落下埋怨。

不管是在学生时代，还是在将来走上社会之后，当好好先生都很不容易，因为每个人的欲望都是永无止境的，欲望越是容易被实现，越是会变得更多。有些男孩出于好心帮助他人，却没有达到预期的效果，非但不能得到他人的感谢，反而还会被他人指责。也有些男孩心有余而力不足，却不懂得拒绝，最终使自己陷入很尴尬的境地，进退两难，举步维艰。

也许有些男孩会说，不都说要学习雷锋，助人为乐吗？我们帮助别人，难道错了吗？帮助别人当然没有错，但是要讲究限度。如果超出自己的能力范围允诺他人一些事情，那么就会很被动；如果男孩明知道对方提出的是不合理的请求，还不能做到拒绝对方，那么对方就会变本加厉。也有些男孩担心自己的拒绝会使彼此陷入更加尴尬的境地。其实只要方法得当，拒绝就不会让人难以接受。

解决方案

接下来，我们列举一些拒绝的技巧，男孩可以好好学习。

第一点，拒绝他人时要列举出自己的实际困难。这样的拒绝是有充分理由的，毕竟谁也不能为了帮助他人，就为难自己，或者损害自己的利益。例如，一个人来找男孩借钱，那么男孩可以说自己刚刚买了一个新款手机，手里的钱都花完了，或者说自己正准备报名参加等级考试，需要很大一笔钱。当男孩列举出充分的理由，他人即使被拒绝，也不会抱怨男孩不愿意帮忙。

第二点，拒绝他人时，要给他人留足面子，可以适度贬低自己。男孩之所以不敢拒绝他人，就是担心拒绝他人会伤害他人面子。那么在拒绝他人时，一定要给他人留足面子。必要的时候，可以适度地抬高他人，贬低自己。人人都喜欢被赞扬，男孩的拒绝只要恰到好处，就能起到预期的效果。

第三点，拒绝他人时，一定要把话说得清楚明白，切勿模棱两可，使对方产生误解。如果对方急需得到帮助，但是男孩却敷衍了事，既没有明确拒绝，也没有明确答应帮忙，那么就会造成误解，使对方误以为男孩还是有可能帮忙的。所谓希望越大，失望越大，这也就意味着男孩给对方造成的误解越大，对方在得知真相之后就越是会抱怨和指责男孩。既然注定要拒绝对方，就要把话说得清楚明白，让对方知道我们真实的意思。

第四点，先设身处地为对方着想，让对方感受到男孩的同理心，这样对方更容易接受男孩的拒绝。没有人愿意被冷漠无情地对待，当男孩饱含同情地拒绝对方时，对方会感受到男孩的好意，也感受到男孩想要帮忙却没有余力的窘境。这样一来，拒绝就会水到渠成。

第五点，采取拖字诀。男孩可以告诉对方自己是很愿意帮忙的，只是现在还没有能力，只要对方愿意等待，那么男孩在具备相应的能力之后一定不遗余力。当然，对方既然寻求帮助，一定是想尽快地得到助力，所以他们就会再想其他的办法，也就不会无望地等待男孩帮忙了。

小贴士

总而言之，不管采取哪种方式拒绝他人，男孩都要说得委婉，切勿直言不讳地伤害对方的颜面。拒绝的目的虽然是让他人知难而退，但是拒绝却要讲究方式方法，让对方知道男孩并非不想帮忙，而的确是有实际困难，这样对方当然就不会抱怨和指责男孩了，男孩的拒绝也就达到了表达得体的效果。

遭遇背叛怎么办

小故事

一天放学，小伟怒气冲冲地回到家里，口中不停地喊着："气死我了，气死我了，这个可恶的刘涛！"妈妈听了很纳闷，问小伟："刘涛不是你的好朋友吗？你们闹别扭了吗？"小伟更生气了，喊道："就是因为他是我的好朋友，我才不能容忍他的背叛。他居然把我的秘密公之于众，我一定要让他知道我的厉害。"说着，小伟大步流星地走进卧室，重重地关上门。

妈妈正在厨房里做饭呢，听着小伟的抱怨，还没来得及做出任何反应呢，就只看到小伟紧闭的房门。妈妈无奈地摇摇头，说："这个孩子总是这样毛手毛脚的，改不掉这个坏习惯。"很快，妈妈做好了饭菜，这个时候爸爸也下班回到家里。妈妈把小伟生气的模样描述给爸爸听，还提醒爸爸不要主动询问，就装作什么也不知道。毕竟小伟自从进入青春期后情绪阴晴不定，爸爸妈妈可不想引发战争啊！

爸爸把饭菜摆好，喊小伟吃饭。小伟这才走出房间，他的眼睛红红的，一看就怒气未消。爸爸佯装不知情地吃完晚饭，才小心翼翼地问小伟："你和刘涛怎么了？"小伟没有回答爸爸的问题，而是反问爸爸："爸爸，你以前遭遇过背叛吗？"爸爸问："背叛？你指的是哪个方面？"小伟想了想，说："就是你把自己的秘密告诉了你最信任的人，结果那个人居然把你的秘密说了出去。"爸爸说："那么，要看看他是为什么才泄露秘密的。我知道这种被背叛的感觉。"得到爸爸的理解和认同，小伟才略微平静下来，耐心地告诉爸爸："我把我的秘密告诉了刘涛，虽然我没有叮嘱他不要说，但是他也不该说出去啊。这下子可好了，全班同学都知道了我的秘密。"爸爸说："看来，他不是故意的，也许只是不知道这个秘密对你来说多么重要。不过，如果秘密不是绝对机密的，你有没有感觉到说出去反而会更轻松一些呢？"在爸爸的提醒下，小伟陷入了沉思，良久才说："真的，爸爸，你这么一说，我觉得秘密被大家知道也没那么糟糕了。也许我自己一直想说却没有勇气，现在有人帮我说了，我只能面对。"妈妈忍不住笑起来，说："我可以问问到底是什么秘密吗？"小伟原本想保密，转念一想，反正全班同学都知道了，再多爸爸妈妈也无妨，就把秘密对爸爸妈妈和盘托出了。

分析

在这个事例中,小伟因为刘涛泄露了自己的秘密而非常恼火,怒气冲冲地回到家里,还叫嚣着要让刘涛知道他的厉害呢!作为过来人的爸爸当然知道,男孩最不能容忍的就是背叛,所以他首先对小伟表示理解,表示同情,这极其有效地安抚了小伟。毕竟,每个人都希望自己是被他人理解、接纳的。

后来,爸爸又引导小伟从刘涛的角度设身处地着想,最终让小伟意识到刘涛并非故意泄露他的秘密,而只是不知道这个秘密对他而言如此重要。由此一来,刘涛行为的性质不再是背叛,而只是无意泄露了。最后,爸爸还为小伟分析了秘密被大家知道的后果并不严重,而小伟反而因为秘密被公之于众感到非常轻松。就这样,爸爸分三个步骤解开了小伟的心结,让小伟不再对刘涛的行为耿耿于怀了。

解决方案

青春期男孩很容易情绪冲动,有的时候在大人心中无关紧要的事情,在孩子心中却是了不得的大事情。父母要想安抚男孩,切勿否定男孩的情绪和感受,而要给予男孩更多的理解。很多时候,父母什么都不需要做,只需要理解男孩,就能让男孩恢复平静。具体而言,面对背叛,男孩要做到以下几点。

第一点,保持情绪冷静。冲动是魔鬼,冲动会使人的智商瞬间降低,要想消除冲动,要想保持理性,男孩必须控制好自己的情绪。有的时候,在情绪的巅峰时期,男孩会迫不及待地想要做很多事情,这个时候先不要着急,而是要让自己暂停下来,这样才能恢复理性。

第二点,要弄清楚朋友背叛自己的根本原因。就像上述事例中,如果小伟已经告诫刘涛不要说出他的秘密,但是刘涛却依然说出去了,那么刘涛就有很大的故意成分。事实却是，小伟并没有叮嘱刘涛保守秘密，因而刘涛顶多算作无心泄密。退一步而言，小伟既然把秘密告诉了刘涛，就要做好秘密被公之于众的心理准备，毕竟世界上从来没有不透风的墙。

第三点，要考量泄密的后果。很多秘密一旦被泄露出去，就会引起一连串严重的后果。显而易见，小伟的秘密不在此列，他的秘密也许只是不想被人知道的事实而已。因而在秘密被泄露之后，如果并没有引发无法承担的后果，男孩无须那么气愤，更无须坚决地不原谅他人。

第四点，男孩要辨别什么才是真正的出卖。实际上，出卖的情节是非常恶劣的，用心是极其险恶的，对于男孩而言，与朋友之间的小小摩擦和误会，根本没有达到出卖的严重程度。很多时候，朋友之间相处，会因为无心的过错而给对方造成困扰，这与出卖并没有必然的联系。男孩要知道，人非圣贤，孰能无过。既然男孩自己也会犯各种各样的错误，又为何要求朋友就和圣人一样，没有任何过错呢！古人云，水至清则无鱼，人至察则无徒。男孩对友谊要怀有宽容之心，要多多理解和体谅朋友，这样才能让友谊之树常青。

■ 学会"泄露"朋友的秘密

小故事

在爸爸的安抚下，小伟与刘涛又恢复了良好的关系。他们曾经破裂的友谊得以修复，他们再次好得如同一个人一样。刘涛呢，意识到自己的长舌头给小伟造成的困扰，当即向小伟保证自己以后再也不泄密了。当然，作为回报，小伟也保证自己不会泄露刘涛的任何秘密。小伟万万没有想到，他与刘涛互相承诺保守秘密没多久，他就面临着一个严峻的考验。

在这次的期中考试中，刘涛因为没有认真复习，考试成绩严重下降。爸爸看到刘涛的考试成绩后，当即火冒三丈，回到家里狠狠地训斥了刘涛一顿。刘涛的屁股被揍得开了花，心里也冷飕飕的。次日上学，刘涛因为屁股疼，不能挨着座位，所以整整一天都站着上课。中午放学之后，刘涛对小伟说："小伟，我决定离家出走。我只把这件事情告诉了你，你可千万不要告诉任何人。"小伟关切地问："你要去哪里呢？社会上有很多坏人，万一遇到坏人，你可就回不了家了。而且，你有钱吗？"刘涛拿出书包里的储钱罐，说："我有钱，我的储钱罐里有好几千块钱呢！我有个表哥在深圳打工，我要去深圳找他，但是我还没告诉他我要去呢，否则他就会告诉我爸爸妈妈拦住我的。"小伟看到刘涛去意已决，还把自己身上仅有的几十元零花钱也给了刘涛。

告别之后，小伟和刘涛就分道扬镳了，他们一个回了家，一个去了火车站。中午，刘涛没回家吃饭，爸爸妈妈还以为刘涛在赌气呢，压根没想到刘涛会离家出走。直到傍晚放学后又过了很长时间，他们依然没看到刘涛回家，这才打电话问小伟刘涛在哪里。小伟一问三不知，刘涛爸妈慌了神，赶紧四处寻找，还去派出所报案。警察帮助焦急的刘涛爸妈查看了监控录像，发现刘涛上了一辆公交车。他们以公交车为线索进行搜索，却毫无所获。

小伟知道老师和同学们、家长们都在帮忙寻找刘涛，待在家里坐立不安。看到小伟一反常态不关心好朋友的去向，妈妈觉得很奇怪，因而试探着问小伟是否知道刘涛的去向。小伟连连否认，妈妈却从小伟躲闪的眼神里看出了端倪，更加确信小伟知道刘涛的去向。妈妈严肃地对小伟说:"社会上有很多坏人,趁着刘涛还没走远,我们大家还能把他追回来。一旦刘涛走远了,我们再想找他就会如同大海捞针,他即使出门在外上当受骗吃苦受罪后悔了,想要回家,如果被坏人控制住,就根本回不来了。"听到妈妈把后果说得这么严重,小伟更加担心刘涛的安全。他问妈妈:"我说出刘涛的秘密,算不算背叛刘涛?前段时间我还因为刘涛背叛了我而生气,现在我就要做同样的事情了。"妈妈斩钉截铁地说:"这怎么能算背叛呢,这是在拯救刘涛。一失足成千古恨,世界上可没有卖后悔药的。"在妈妈的再三催促下,小伟终于下定决心说出了刘涛的计划和打算。妈妈火速把这个消息通知了刘涛的父母,也告诉了老师和同学,他们在火车站的候车厅里找到了刘涛。

分析

泄露朋友的秘密分为两种情况。前一种是刘涛泄露了小伟无关紧要的秘密,只是惹得小伟不开心而已。后一种是很严重的,那就是刘涛离家出走的秘密。如果小伟不能及时说出秘密,导致刘涛的父母没有头绪,老师和同学们干着急,那么刘涛很有可能踏上了错误的旅程,导致无路可回。

解决方案

男孩要分清楚事情的轻重缓急,知道何时应该为朋友保守秘密,何时应该毫不迟疑地泄露同学的秘密,挽救同学,避免同学因为冲动做出无法挽回的举动。面对朋友的秘密,男孩应该从以下几个方面进行考量,从而更准确地做出判断。

第一点，区分普通的秘密和事关重大的秘密。通常情况下，普通的秘密指的是不会引起严重后果的秘密，事关重大的秘密指的是会涉及人身安全的秘密。

第二点，区分事情的紧急程度。如果为朋友保守秘密，并不会在短时间内引起不良后果，那么无须急于说出。如果必须马上说出朋友的秘密，才能对事情的结果产生有利的影响，那么就要毫不迟疑地说出朋友的秘密，这不是背叛朋友，而是在帮助朋友。

第三点，要把朋友的秘密告诉值得信任的人。如果像个大喇叭一样把朋友的秘密说得尽人皆知，自然会遭到朋友的抱怨和指责。如果把朋友的某些秘密告诉了值得信任和托付的人，那么不但不是害了朋友，还是在帮助朋友。

第四点，男孩要有担当，要勇于对朋友负责。所谓对朋友负责，并非单纯地为朋友保守秘密，而是要承担起照顾朋友和保证朋友安全的重任。真正的友谊，经得起误解，经得起考验，一切都只是为了朋友平安无事。

坦然面对嘲笑

小故事

去年，小凯滑轮滑的时候不小心摔倒了，导致右腿严重骨折。需要打很长一段时间的石膏，所以他只能停学一年，在家静心休养。骨折初期，他不得不躺在床上，因为石膏从右脚的脚趾头一直打到右腿的大腿根部，所以他连坐起来都很困难。卧床静养使小凯在半年的时间里长胖了 20 多斤，原本体态匀称的他变成了小胖子，看着镜子里自己越来越圆润的脸，小凯感到非常苦恼。

经过一年的休养，小凯受伤的腿终于完全康复了。他刚刚回到学校的时候，同学们都对他特别友好，因为同学们都知道他腿部严重受伤。然而，在过了一段时间之后，同学们的心态渐渐发生了改变，与小凯相处越来越轻松随意了，还有些同学会调侃小凯呢。

小凯在学习上落下了很多，尤其是在体育课上，他每次跑步都是倒数第一名。为此，很多同学开始嘲笑小凯，这使小凯感到非常难过。渐渐地，他开始排斥上学，更不愿意上体育课了。

有一天，在体育课上，老师又要求同学们绕着操场跑几圈。第一圈的时候，小凯还能勉强跟上；到了第二圈的时候，小凯落后了；等到第三圈的时候，小凯已经被跑得最快的同学超越了整整一圈。这个同学跟在小凯身后喊道："小胖子，一定要努力，加油哦！我看好你！"

听到同学的话，小凯丝毫没有感到同学鼓励的意味，反而郁郁寡欢。回到家里之后，小凯请求妈妈："妈妈，我的腿受伤了，现在上体育课非常困难。我想暂时不上体育课，你能不能和老师申请一下呢？"听到小凯的话，妈妈陷入了沉思。良久，妈妈才说："你的腿已经完全康复了，医生说你可以上体育课，并且你多多运动，还有利于腿部机能的恢复呢！"听到妈妈的话，小凯默默地流下了眼泪，妈妈这才意识到小凯另有隐情。在妈妈的追问下，小凯说了同学们对他的嘲笑，妈妈感慨地说："小凯，每个人都要面对各种各样的事情，我们不可能只听好话，也要听到那些难听的话。而且，同学们也许并没有嘲笑你，而只是在鼓励你，你不要那么敏感。你要相信，你只是因为腿部骨折，所以体育成绩才会下降，在不断地努力和坚持锻炼之下，我相信你的体育成绩一定会越来越好的。这样吧，以后每到周末，我和爸爸就陪你进行体育锻炼，这样你的体能就会恢复得更快，好不好？"

听到妈妈的周到安排，小凯没有继续坚持要求停上体育课。后来，在爸爸妈妈的陪伴下，小凯坚持锻炼，体能快速恢复，体育课的成绩越来越好了。如今，小凯不但减重20斤，而且文化课成绩也追赶上来了，他越来越喜欢上学了。

分析

每一个男孩在成长中，都会遭遇各种各样的挫折和磨难。尤其是很多男孩特别喜欢运动，那么在运动的过程中就有可能出现意外，遭遇伤害。男孩应该有一颗更强大的心，面对他人的嘲笑和讽刺，不要轻易就情绪波动。实际上，对于男孩而言，身体上的病痛和精神上的打击，都能够使他们变得更加强大。

在上述事例中，妈妈得知小凯不想上体育课，一直在积极地鼓励小凯。在真正理解小凯内心的苦恼之后，妈妈还表态要陪伴小凯一起进行锻炼。有了父母的支持，小凯当然会越来越勇敢。

解决方案

面对他人的嘲笑时，男孩应该做到以下几点。

第一点，要拥有强大的心。一个男孩只有内心强大，才能坦然面对外界的一切坎坷。对于男孩来说，只有身体上的强壮是远远不够的，精神上的强大才能让他们真正地傲然于世。

第二点，学会自嘲。与其等着别人嘲笑自己，还不如自己嘲笑自己，这样就可以给自己一个台阶下，也可以化解自己的尴尬。自嘲是一种非常高级的幽默形式，男孩只有拥有极高的智慧，并且能够口吐莲花，才能成功地自嘲。

第三点，接纳自己。俗话说，金无足赤，人无完人。每个人都有缺点和不足，男孩不要苛求自己是完美无缺的，面对自己的缺点和不足，男孩应该采取包容的态度，认可和接纳自己，并且在此基础之上努力改正缺点，弥补不足，这样男孩才会成长得更快乐。

第四点，经常鼓励身边的人。人与人之间很多力量都是相互的，如果男孩喜欢嘲笑他人，那么自然也会被他人嘲笑；如果男孩能够积极地鼓励身边的人，真诚地对待他们，相信身边的人也会真诚地对待男孩，积极地鼓励男孩，这都会让男孩变得更加快乐。

4

男孩有勇有谋不畏缩，校园霸凌莫奈何

男孩从三岁进入幼儿园开始，就离开了父母无微不至的照顾和保护，开始以独立的身份融入集体生活。接下来，男孩会相继升入小学、初中和高中，直到进入大学，真正地走向独立。在此过程中，男孩经历着社会化的进程，渐渐地脱离了父母的照顾，越来越独立，越来越自强。作为父母，应该成为男孩真心的朋友，教会男孩保护自己，培养男孩的勇气，让男孩有勇有谋。尤其是近些年来，校园霸凌的现象越来越严重，男孩只有内心坚强勇敢，才能毫不畏缩地捍卫自己的权利，也消除自身所面对的危险。

被同学敲诈勒索要及时求助

> **小故事**

马上就要期中考试了，小伟因为对考试准备得不够充分，所以忐忑不安。为了应付过这次考试，为了不因为考得太差而被父母指责和抱怨，他决定铤而走险，采取作弊的方式蒙混过关。虽然小伟知道作弊是非常不好的行为，但是他认为这件事情特别紧急，既然他以前从没有作弊过，那么偶尔作弊一次也并不那么严重。在这种心态的驱使下，小伟精心地做好了作弊的准备，他在自己的手掌心等各处写上了重要题目的答案。

从未作过弊的小伟在考试的时候，趁着老师不注意，偷偷地看自己手掌心的答案，因为他非常小心，所以并没有被老师抓住现行。小伟不由得暗自窃喜。考试结束之后，一位同学找到小伟，对他说："小伟，我发现了你的一个秘密。如果你不想让我向老师揭发你，那么最好给我封口费。"听到这位同学的话，小伟感到一头雾水。这位同学继续提示小伟："考试的时候，你做了一些小动作，虽然老师没有看见，但是我坐在你的斜后方，可是看得清清楚楚。如果你不愿意承认，那么我们现在就可以让老师来看看你的手掌心都写着些什么。"听到这位同学的话，小伟恍然大悟：原来，这位同学发现了他作弊的事情，想以此来敲诈勒索他呢！

小伟的眼珠滴溜溜地转着，他在心里不停地盘算着：如果不答应这位同学的要求，他把我作弊的事情说出去，那么我就会遭到处罚，不但成绩会被取消，而且名声也会一落千丈。想到这里，小伟认为这个结果非常严重，他根本无力承受。但是小伟也知道，如果自己轻轻松松地就答应了这个同学的请求，那么这个同学很可能会因为掌握了他的这个秘密而再次敲诈勒索他。想到这里，小伟又迟疑了。

同学仿佛看出了小伟的心思，催促小伟道："你赶紧决定吧，我可没有那么多耐心等你呀！其实我要的封口费也不多，只要50块钱，这大概也就是你一个星期的零花钱吧。一个星期不花钱对你来说也能过得去，但是如果你的事情被大家都知道了，对你带来的影响，一个星期可不足以消散。"

在这位同学的威逼利诱之下，小伟最终下定了决心。他对同学说："那这样吧，我给你50块钱，但是你要保证从此之后把这件事情彻底忘记，再也不以此为借口跟我要钱，也不向任何人提起这件事。"那位同学郑重其事地点点头，当即向小伟伸出手去。小伟身上恰好有这个星期的零花钱——50元钱，他非常舍不得地掏出钱，交给了那位同学。

只平静了大概一个星期，等到小伟领到下一个星期的零花钱时，那个同学又来找小伟。他对小伟说："小伟，我后悔了。那么大的一个秘密，我为你保守那么大的一个秘密！你却只给我50元钱，我觉得这个秘密怎么也得值100元钱吧！这样吧，你再补50元钱给我，我就彻底地偃旗息鼓，再也不来找你的麻烦。"为了息事宁人，小伟只好又掏出了自己的50元零花钱。

正当小伟以为这件事情真的结束了时，那个同学又来找小伟了。在那个同学反复地纠缠下，小伟一个月的零花钱都给了那位同学，但是事情远远没有结束。思来想去，小伟认为这件事情不能就这样拖延下去，他决定快刀斩乱麻，主动解决问题。

小伟先是找到了老师，承认了自己作弊的错误，并且保证这是自己唯一一次作弊，以后再也不会犯同样的错误。接着，小伟又向父母承认了自己上次的成绩是虚假的，并且告诉父母自己已经通过复习追赶了上来，还查漏补缺弥补了学习上的弱势。看到小伟的态度如此真诚，老师和父母都原谅了小伟。这个时候，小伟还拜托几个与他关系好的同学，把他曾经作弊的事情在班级里说了出去。这样一来，同学们对这件事情都有了一定的心理准备。即使那位同学说出小伟的秘密，他们也不会感到特别震惊了。

　　做好这一切准备之后，面对又来勒索自己的同学，小伟气定神闲地说："我已经付了很多钱给你，如果你还是不知道满足，那么你就把我的秘密说出去吧。你就当我此前没有给过你封口费好了。"那个同学当即怒气冲冲地把小伟的秘密说了出去，出乎他的意料，老师对于他所说的话不以为意，同学们之间也没有因为这个秘密而激起任何波澜。见此情形，那个同学感到纳闷极了。这个时候，小伟对那个同学说："只可惜呀，你太贪心了。你必须把此前勒索我的钱都还给我，不然老师就会通知你的父母。"听到小伟的话，那个同学胆战心惊，他可不想因为这件事情被父母扒一层皮呀！他当即就去找老师承认错误，并且表示会在最短的时间内把钱还给小伟。就这样，小伟终于彻底摆脱了这个噩梦。

分析

　　在这个事例中，小伟因为作弊被同学发现，所以有了把柄被抓在同学的手中。为了能够守住这个秘密，小伟一而再、再而三地给这位同学封口费，却让同学的欲望越来越强，要求成了一个无底的深渊。最终，小伟终于想明白一个道理，那就是要想彻底地了结这件事情，就要让这个秘密不再是秘密，所以他选择主动地刺破秘密的肥皂泡，让秘密曝光在阳光之下。小伟的做法是非常正确的，也正是因为他做出了如此果断的决定，所以那个同学才没有机会继续勒索他。

在成长的过程中，男孩难免会有一些秘密。对于有些秘密，男孩是很想保密的，但是对于有些秘密，为了让自己摆脱麻烦，男孩是可以选择公之于众的。在这种情况下，男孩最好不要因为他人知晓自己的秘密，就付出一些金钱或其他物质来请求他人保守秘密，否则他人就会感受到男孩生怕秘密曝光的心理，因而变本加厉地勒索男孩。

解决方案

面对他人的勒索和敲诈，男孩应该做到以下几点。

第一点，为了避免被他人勒索和敲诈，男孩要光明正大地做人做事，不要暗箱操作，也不要采取不正当的手段达到自己的目的。如果男孩采取了不正当的手段做很多事情，那么就会被他人抓住把柄，使自己陷入被动的状态。真正光明磊落的男孩，从不担心别人会说出他们的秘密，因为他们根本就没有不可告人的秘密。

第二点，一旦有秘密被他人发现，又被他人勒索，那么男孩最好的做法就是主动说出这个秘密，让这个秘密大白于天下。这样一来，那个想以秘密为把柄来勒索男孩的人也就无计可施了。在事例中，小伟就采取了这样的做法，效果是非常好的。

第三点，男孩在犯了错误之后，要勇敢地承认错误，要主动地承担责任。很多男孩犯了错误之后都想逃避责任，正是因为这种心理的驱使，他们才迫不及待、不择一切手段想要保守秘密。勒索男孩的人正是抓住了男孩这样的心理，才能够得逞。男孩不管做出怎样的事情，都要承担责任，这样他人也就无法以此为借口来敲诈勒索了。

第四点，男孩要积极求助。在求助的时候，不要把事情告诉同龄人，而是要把事情告诉老师和父母，这样才能得到有效的帮助。毕竟老师和父母是成人，他们有更丰富的人生经验，也能更理性地进行思考，所以能够做出正确的应对。在这种情况下，男孩就会得到非常有效的帮助。

> **小贴士**
>
> 总而言之，男孩面对他人的敲诈勒索，切勿纵容他人。如果男孩一次一次地退步，非但不能让事情彻底解决，反而会让对方的欲望越来越强，让对方的要求越来越过分，让对方的勒索心态变本加厉。男孩唯有及时求助，以正确的方式处理和解决相关的问题，才能真正地制止对方无限度地敲诈勒索。

■ 面对校园霸凌，绝不畏缩

> **小故事**
>
> 自从升入初一之后，浩浩的感觉好极了，他认识到自己不再是一个小学生，而变成了真正的初中生，自己也已经不再是小孩子，而变成了真正的大孩子。所以不管在什么时候，浩浩都表现得非常勇敢。他真正把自己当成了男子汉。
>
> 然而，在进入初中之后，新鲜感还没结束呢，浩浩就遇到了一些麻烦事。原来，浩浩的家境非常好，爸爸妈妈为浩浩买东西时，不管是买文具还是买衣服，总是选购名牌产品。学校里高年级的几个男生

看到浩浩穿的衣服都是名牌，花钱也毫不吝啬，因而断定浩浩家里一定非常富有，相信浩浩的口袋里一定揣着很多零花钱，所以他们就打起了浩浩的主意，想从浩浩身上揩点儿油水。

周五下午，和往常一样，浩浩并不急于回家写作业，而是和几个同学相约在篮球场上打篮球。他和同学一起玩了两个小时之后，大汗淋漓，这才尽兴地踏上了回家的路途。浩浩没有想到的是，他才刚刚走出校园不远，在进入校园旁的小巷子里时，那几个高年级的男孩就出现在他的面前，态度恶劣地拦住了他的去路。

那几个男孩开门见山地对浩浩说："你这个家伙吃得好，穿得好，用得好，一看家里就不差钱。赶紧掏掏你的口袋，看看你有多少零花钱，都交给我们吧。俗话说，要从此路过，留下买路钱。这就当是你买路了。"

浩浩从小被父母照顾得无微不至，哪里见过这样的架势呢。他非常害怕，环顾四周，发现一个人都没有，这时候天色已经晚了，路上的行人也比较少，所以浩浩赶紧掏出了自己所有的零花钱，主动交给那几个男孩。原本，浩浩以为这件事情从此就会过去，没想到的是，那几个高年级男孩却变本加厉。他们拿到了浩浩的零花钱，并没有当即离开，反而对浩浩说："下周一上学的时候，再多拿点零花钱过来！你的身上怎么就带这么点钱呢，还不够我们一人吃一个冰淇淋的呢。如果下周一你还是只有这么点钱，我们一定会狠狠地揍你一顿。"

浩浩受到这样的惊吓，回到家里不敢告诉爸爸妈妈，整个周末他都失魂落魄，想着自己如何度过周一。虽然他不舍得把自己的零花钱都交给这些高年级的孩子，但是他又担心自己会挨揍，无奈之下，他只好从储钱罐里抽出一张 100 块钱，他想："如果这 100 块钱能够买来我安宁上学，那也是值得的！"

周一放学的时候，那几个高年级男孩果然又拦住了浩浩。这一次，浩浩不等他们说话就拿出一百元钱，说："这是我所有的零花钱，我连一分都没有了。"看到浩浩轻轻松松地就给了他们一百块钱。这几个高年级的男孩可不会轻信浩浩的话。他们恶狠狠地恐吓浩浩:"以后,每个星期都要给我们一百块钱,否则我们不会让你好过的。除非你转学!就算你转学了,我们也能找到你。"看到这几个男孩这么凶狠的样子,浩浩吓得眼泪在眼睛里直打转。

浩浩放学回到家里,爸爸妈妈看到浩浩的眼睛通红通红的,再三追问浩浩到底发生了什么事情,浩浩这才胆战心惊地说出了事情的经过。他还叮嘱爸爸妈妈:"爸爸妈妈,你们千万不要去找那几个孩子,否则我就没法去上学了,他们一定会打死我的!"

爸爸气得火冒三丈,当即就要拿出手机联系老师,妈妈却劝说爸爸先不要着急,先想一想这件事情应该怎么处理。妈妈担心地说:"这件事情一旦处理不好,就会影响浩浩上学,万一浩浩被那几个孩子打击报复,后果是很严重的。所以我觉得,还是都给各自留下退路,这样事情也有回旋的余地。"在妈妈的建议下。爸爸先联系了浩浩的班主任,班主任又把这件事情反馈给校长,后来在学校出面主持之下,几位孩子的父母坐到一起,坦诚地沟通了这件事情。那几位父母对于自家孩子做出的事情一无所知,表示非常抱歉,几次三番地向浩浩和浩浩的爸爸妈妈道歉。那几个孩子呢?在受到父母的严肃教育之后,也意识到自己的行为已经触犯了法律,更感谢浩浩和父母没有把他们逼上绝路。从此之后,他们再也不来找浩浩的麻烦了。

分 析

近些年来,校园霸凌的现象得到了社会的广泛关注。近几年播放的一些影视作品,更是把校园霸凌的现象揭露得淋漓尽致,也表现出校园霸凌现象给孩子们带来了很多痛苦。很多父母误以为，只有受到伤害的孩子才会对校园霸凌胆战心惊，而实际上，那些对孩子施展霸凌行为的孩子同样会因此强化心理上的扭曲。所以说，校园霸凌对于施虐者与被虐者而言都是具有极大的伤害性的。

当得知男孩遭遇校园霸凌，被同学敲诈勒索的时候，父母的做法是至关重要的。有些父母认为孩子之间小打小闹无关紧要，对此采取忽视的态度，这使孩子身处困境，却得不到及时有效的帮助；也有的父母对此火冒三丈，当即就做出过度的反应，采取报警等方式断绝校园霸凌者的后路，这使霸凌者变本加厉，甚至破罐子破摔。在这种情况下，事态也必然会朝着更加严重的方向发展。事例中，妈妈是相对比较冷静的，她意识到要妥善地处理这件事情，必须经过慎重的思考，既要维护自家孩子的利益，又不能逼急了那些犯错的孩子，所以最终他们采取了合理有效的方式解决问题。

解决方案

很多男孩从小就在父母的保护下无忧无虑地成长，所以他们对社会上的很多现象是从未见识过的，这使他们一旦遭遇伤害就感到手足无措。那么，当男孩被同学霸凌的时候，应该怎么做呢？

第一点，男孩在遭遇霸凌的时候，要及时向父母求助。很多男孩特别胆小，一旦被对方恐吓不许告诉任何人，就会选择默默地承受。有些男孩会把这件事情告诉自己的同龄人，然而同龄人和男孩一样缺乏社会经验，缺乏理性的思考，所以他们和男孩一样无法圆满地处理问题。因此，男孩应该及时地向老师求助，毕竟老师作为成年人有更丰富的社会经验，也能够通过理性思考做出正确应对。又因为老师是校园的管理者，所以对于霸凌者会更有威慑力。

第二点，男孩要理性地解决问题，切勿以恶制恶。很多男孩在被霸凌之后，恶向胆边生。他们原本非常胆小怯懦，却因为被逼急了而冲动行事，俗话说，兔子急了也咬人，男孩被逼到极端，做出冲动的举动也在所难免。最终，他们采取了非常极端的方式解决问题。例如，一些长期受到欺凌的孩子不知道如何摆脱当前的状况，也不知道如何向他人倾诉，便将委屈和愤怒长期压抑在心中，最终由于无法承受内心的压力而做出冲动的行为。还有的孩子因为被恐吓而不敢向家长或老师求助，转而向同龄人求助。但同龄人由于同样缺乏社会经验，往往处理问题的方法更为极端，使问题变得越来越复杂，还可能导致更多的人被卷入事件之中，受到未曾想过的伤害。不得不说，这是令人心痛的悲剧，也是处理校园霸凌不恰当导致的悲剧。

第三点，男孩要具有坚强乐观的品质。很多男孩一旦遭遇校园霸凌，就会觉得生活暗淡无光，他们既没有把这件事情告诉父母，也没有把这件事情告诉老师，而是独自默默地承受。男孩一定要有安全感，要有勇敢坚韧的品质，这样在面对各种问题的时候才能积极地解决问题。

第四点，不要纵容对方的欺凌行为。很多男孩胆小怯懦，生怕事态会恶化，所以就采取息事宁人的态度。殊不知，正是因为男孩这样的态度，对方才变本加厉。真正勇敢的男孩不会给对方更多的机会欺辱自己，而是会当即采取措施震慑对方。只有采取有效的措施，男孩才能避免事态继续恶化。所以男孩要在保证自己安全的情况下，采取各种有效的手段来解决问题。

■ 遇到任何问题，要向老师和家长求助

> **小故事**
>
> 　　瑞瑞的学习成绩非常好，这使他在班级里具有很高的声誉，而且

深受老师的喜爱。正因如此，才有些同学对瑞瑞心生嫉妒。

有一段时间，放学的路上，瑞瑞总是被几个学习很差的孩子拦住，这些孩子故意羞辱瑞瑞，朝着瑞瑞吐口水。瑞瑞从小就是爸爸妈妈的乖宝宝，所以对于这些调皮捣蛋的事情，他一点都不知道该如何应对。每当受到欺负的时候，他都默默地忍受，因为他生怕自己在顶撞几句之后会遭到更严重的报复。

看到瑞瑞这么软弱可欺，那几个同学变本加厉，瑞瑞简直忍无可忍。有一次，在那些同学撕碎了他辛辛苦苦做好的作业之后，他决定奋起反抗。他没有把这件事情告诉老师，更没有把这件事情透露给父母，而是与他的好朋友琪琪一起商议着如何解决这个问题。

琪琪是一个性格非常火暴的男孩，他早就建议瑞瑞要和那些人决一死战，但是瑞瑞却总是迟疑不决。现在，瑞瑞已经被逼到了走投无路的程度，他最终采纳了琪琪的建议，要和琪琪一起与这些人拼个鱼死网破。

今天傍晚放学，琪琪远远地跟着瑞瑞。这个时候，那些人又拦住了瑞瑞，他们把瑞瑞的书包扔在地上，还让瑞瑞脱掉外套包在头上，然后就对瑞瑞拳打脚踢起来。这个时候，琪琪发出了信号，冲着瑞瑞喊道："瑞瑞，我来了！"瑞瑞赶紧把衣服从头上拽掉，然后就和琪琪一起不顾一切地和那些人打了起来。瑞瑞和琪琪都提前在书包里藏了一把锋利的壁纸刀，瑞瑞先拿出壁纸刀，冲着那些调皮捣蛋的孩子疯狂地挥舞着。琪琪也和瑞瑞一样，拿着壁纸刀挥舞。看到他们拿出了壁纸刀，那些人一开始还试图夺下刀子。瑞瑞更加疯狂地挥舞壁纸刀，尖利的刀锋划伤了一个男生，鲜血流出。其他孩子见状全都吓跑了，瑞瑞和琪琪呆呆地站在原地。

琪琪回过神来，看到情况如此严重，赶紧扔掉壁纸刀，吓得逃之夭夭。这个时候，路过的人看到了这种情况，当即打电话叫来了

120，又叫来了110。爸爸妈妈得到通知的时候，那个同学已经在医院里抢救了，瑞瑞也被带到了派出所。

直到此时，爸爸妈妈才知道了瑞瑞一直以来面对的困境，但是现在瑞瑞却从被伤害者变成了伤害者，很有可能需要面对法律的制裁。爸爸妈妈懊悔极了，妈妈对瑞瑞说："瑞瑞，你有事情应该告诉我们呀！你自己解决问题，现在却要面临法律的制裁，你的一生也许会因此改变了。"瑞瑞这才意识到问题的严重性，他哭着说："我怕你们会骂我太胆小了，我也担心你们不能解决好问题，他们会更加打击报复我。"妈妈心疼地握着瑞瑞的手，说："现在，事情既然已经这样了，就让我们一起面对吧！"

分 析

原本是被欺负的瑞瑞，现在险些成了杀人凶手，幸好那个同学在经过抢救之后没有生命危险，虽然爸爸妈妈要面临巨额赔偿，但是至少瑞瑞不用背负人命了。这件事情给男孩敲响了警钟，对于男孩而言，遇到任何问题，都要第一时间向老师和家长求助。很多男孩不好意思把自己的困境告诉老师和家长，他们认为自己已经长大了，成了真正的男子汉，如果遇到问题不能自己解决，而是要求助于父母和老师，那么就会遭到他人嘲笑。正是这样的心理使男孩有了问题宁愿自己扛着，或者采取极端的方式解决，导致非常严重的后果。

有些事情是可以弥补的，但是有些事情一旦发生了，就没有机会弥补了。在这样的情况下，男孩当然会面临很深的困境，甚至陷入绝望之中。男孩在遇到任何问题的时候，都要牢记及时求助，而且要向老师和父母求助。

解决方案

具体来说，男孩要做到以下几点。

第一点，男孩要勇敢。对于男孩而言，要知道真正的勇敢是什么。真正的勇敢是知道后果却能够面对，而不是初生牛犊不怕虎，不顾一切后果地去做一些事情。如果男孩陷入了莽撞的误区，自以为能够凭着力量解决问题，结果却导致自己身陷麻烦之中，那么后果就是非常糟糕的。

第二点，要选准求助的对象。很多男孩在进入青春期之后有很强的从众心理，他们更加看重同龄人对他们的评价，所以在遇到难题的时候会向同龄人求助，也会盲目地采纳同龄人的意见，做出和同龄人相同的行为。这些选择都可能会给男孩带来很多麻烦，毕竟同龄人和男孩正处于同样的年龄阶段，也和男孩一样缺乏人生经验，更和男孩一样不能做到理性思考。在这种情况下，他们会和男孩一样冲动地解决问题，导致事情变得越来越糟糕。

第三点，从父母的角度来说，父母应该信任男孩，也要无条件地支持男孩。很多男孩之所以不愿意把自己身上发生的事情告诉父母，是因为父母动辄就批评和打骂他们，而从来不会支持他们，或者是帮助他们想办法解决问题。这使男孩对父母的信任消耗殆尽，最终他们选择不再依靠父母，而是依靠自己解决问题。

第四点，老师要本着公平公正的原则，为孩子们解决各种问题。有些老师会存有私心，他们或者是特别喜欢某个孩子，因而刻意偏袒这个孩子，或者是因为在教学过程中需要学生干部帮助他们维持课堂秩序，做一些班级里的杂事，因而就特别偏袒学生干部。这些情况都会使其他孩子对老师偏心的行为产生意见，也会因此对老师失去信任。父母和老师都要为孩子营造良好的成长环境，也要得到孩子的信任，这样才能让孩子在有问题的时候主动向他们求助。

> **小贴士**
>
> 成长是一个漫长的过程，没有人的成长会是一帆风顺的。对于男孩而言，成长更是会状况百出。古人云，兵来将挡，水来土掩，男孩不管遇到什么问题，都要积极地求助，都要向正确的人求助，这样才能得到帮助，也才能顺利地解决问题。

■ 做勇敢的男孩，拒绝被欺负

小故事

时光一天一天地流逝，小凯觉得自己已经变成了一个真正的男子汉，所以他做很多事情的时候，不再像小时候一样缩手缩脚，而是充满了男子汉的气概。小凯内心深处还有着英雄情结，他认为自己可以像一个英雄一样保护小妹妹，保护同学们。让小凯万万没有想到的是，他作为一个男子汉却被同学欺负了，这是怎么回事儿呢？

新学期开学之后，小凯被安排和周瑞在同一个组里值日。周瑞是一个非常霸道的男生，从小在家里娇生惯养，又因为家庭环境优渥，所以脾气很大。周瑞在被安排与小凯同一个组值日之后，当即就颐指气使地对小凯说："小凯，从此以后我给你钱，你帮我打扫卫生。"

对此，小凯很不乐意，他当即对周瑞说："周瑞，你以为有钱就能买下全世界，就能够为所欲为吗？值日是每个同学应尽的责任和义务，我认为你必须自己值日。"周瑞不以为然地说："我家里那么有钱，家里的卫生都是保姆打扫的，我怎么可能在学校里值日呢？"听到周瑞的话，小凯更加愤愤不平，他义正词严地对周瑞说："那么你就去找愿意收你的钱，帮你打扫卫生的同学吧！反正我是不愿意的。"周瑞很为难，他说："但是老师安排我和你同一个组值日啊，其他同学都被安排在其他日子里，我怎么去收买他们呢？他们总不能为了帮我值日，放学不回家吧？"小凯哈哈大笑起来说："原来，你也知道还有金钱不能做到的事情啊！既然如此，你就不要想用金钱收买我了！"

周瑞非常生气，他当即冲着小凯动起手来，打了小凯一拳。小凯也不示弱，当即狠狠地打了周瑞一拳。这个时候，老师恰巧来到了班级里，小凯冲过去对老师说："老师，周瑞要花钱买我帮他值日，我不愿意，他就打我。"老师当然知道周瑞是一个怎样的人，当即严肃地批评了周瑞："周瑞，你这样的做法是错误的。虽然你家里很有钱，但是你不要把滥用金钱的坏习气带到班级里来。每个同学都要打扫卫生，没有人可以例外，所以我希望你承担责任，把卫生打扫得干干净净，不要再动其他的心思。"

自从这件事情之后，周瑞与小凯之间就结下了梁子。虽然周瑞心不甘情不愿地留下来打扫卫生，但是对小凯却总是故意找茬。有一天，小凯已经把垃圾都扫到一堆了，正准备去拿东西把垃圾运走呢，这个时候，周瑞故意把垃圾弄得到处都是。小凯非常生气地对周瑞说："周瑞，垃圾我已经都收拾到一起了，你为何弄得到处都是呢？既然你把垃圾弄散了，那么就由你来负责吧！"周瑞对小凯的话不以为然，当即背着书包离开了学校，剩下小凯独自一个人生闷气。思来想去，小凯没有收拾垃圾，而是也背起书包离开了。

次日早晨，老师来到班级，看到教室里满地都是垃圾，生气地喊道："昨天的值日生是谁？都给我站起来！"小凯和周瑞应声站了起来。这个时候，老师要求他们说清楚为何没把卫生打扫干净，小凯就把事情讲述了一遍。周瑞恶狠狠地瞪着小凯，小凯说："周瑞，我不害怕你，你不要认为你有钱就能欺负人。这个垃圾被你弄得到处都是，就必须由你来收拾。你即使把你的父母找来也没有用，谁让你在学校里上学呢！"听到小凯的话，老师心中暗暗赞许，他对周瑞说："周瑞，小凯说的是对的，你必须自己把卫生打扫干净，没有人可以帮你。"在同学们的注视之下，周瑞只好把垃圾扫到一起清理走。从此之后，他再也不敢欺负小凯了。

分 析

　　小凯是一个非常勇敢的男孩，面对家里有权有势的周瑞，他并没有低声下气，更没有刻意逢迎周瑞，而是坚决拒绝被周瑞欺负。小凯先是拒绝了周瑞用金钱收买他，接着又在周瑞故意捣乱之后留下满地垃圾，给了周瑞一个下马威。相信经过这两次事情之后，即使周瑞在和小凯打扫卫生的时候心不甘情不愿，也不敢再故意捣乱了。

　　学校里的环境虽然相对简单，同学们的心思也很单纯，但是每个同学都有不同的性格，每个同学的家境和接受教育的背景也都是不同的。这使同学们在一起相处的时候，难免会磕磕碰碰，产生一些矛盾。在这种情况下，男孩一定要不卑不亢，切勿趋炎附势。男孩只有保持落落大方、不卑不亢的姿态，才能勇敢地表现自己，面对他人的欺负，也能够坚决地拒绝，或者奋力反抗。

　　每个男孩的心中都有一个英雄梦，真正的英雄并不只存在于故事虚幻的世界里，也存在于现实的生活中。在这个事例中，小凯虽然没有做出什么惊天动地的大事，但他却是自己的英雄。面对着家境比自己好、力量比自己强的周瑞，小凯从未低头，更没有妥协。正是因为小凯有如此坚持的态度，他才能够证明自己,也才能够让周瑞对自己礼让三分。

解决方案

要想成为勇敢的男孩,拒绝被他人欺负,就要做到以下几点。

第一点,男孩要正确地认知自己和他人,要知道每个人在人格上都是平等的,这样才能不卑不亢地对待他人。有些男孩看到其他同学学习比自己好,就自觉矮人三分;有些男孩看到其他同学的家境比自己好,就会认为对方养尊处优,因而刻意地谦让对方。其实同学们在一起相处,彼此之间都是平等的。俗话说,人贵有自知之明。作为男孩,更是要有自知之明,既不要过于高估自己,也不要刻意贬低自己,只有把自己摆在正确的位置上,男孩才能与他人恰到好处地平等相处。

第二点,面对那些故意欺负自己的人,男孩一定要有明确的态度,摆明自己的姿态。有些男孩非常胆小,明知道对方是在欺负自己,也不敢奋起反抗。殊不知,人的本性都是欺软怕硬的,看到男孩软弱可欺,对方就会变本加厉。如果男孩能够勇敢地捍卫自己的权利,对方就会有所收敛。

第三点,男孩的内心要充满正义。每一个男孩都要有正义感,要有自己做人的原则和底线。男孩虽然不能强求他人和自己一样,但是当发现他人的行为有很明显的错误时,也可以对他人进行友善的提醒。尤其是当他人错误的行为对男孩造成了利益的伤害时,男孩更是要捍卫自己的利益。总而言之,做勇敢的男孩才能保护自己,做勇敢的男孩才能不被他人欺负。当男孩真正勇敢起来,男孩就是非常强大的,就是自己的英雄。

知晓法律知识，拿起法律武器

> **小故事**
>
> 　　在班级里，佳佳的人缘很好，却也因此而得罪了一些同学，这是因为那些同学看到佳佳不管走到哪里都受人欢迎，所以非常嫉妒佳佳的好人缘。其中，尤其以小杜对佳佳的嫉妒最为强烈。小杜是一个小肚鸡肠的男孩，在学习上，他与佳佳不相上下，总是想超越佳佳，却往往不能如愿；在日常的生活中，看到佳佳和同学们打得一片火热，人缘非常好，他更是妒火中烧。
>
> 　　有一天课间操的时候，同学们排着队伍下楼。这个时候，小杜走在佳佳的后面。突然之间，他故意推了佳佳一下，佳佳一个趔趄险些摔下楼梯，幸好前面有同学挡着他，他才没有摔倒。佳佳回头看过去，发现小杜满脸坏笑地站在他身后，脸上透露出得意扬扬的神情。佳佳当即义正词严地对小杜说："小杜，学校里四处都有监控摄像头，如果我这次摔倒了，后果很严重，那么我一定会追究你的责任，老师就会调取监控摄像头里的录像。但是我现在没有摔倒，所以我不想和你多啰唆。你要知道，你已经涉嫌故意伤害了，虽然你的年纪还不够接受法律的制裁，但是少年劳教所你知道吧？少年劳教所里都是未成年人。"听到佳佳有理有据的一番话，小杜暗暗吃惊。
>
> 　　原本，小杜以为他是未成年人，无须为自己的行为负责，哪里想到自己也会因为自己的行为而付出代价呢。但是，小杜对于佳佳所说的话还是有些怀疑的，他认为佳佳是在吓唬他，后来他特意上网搜索了相关的法律条款，这才发现，即使是未成年，也要为自己错误的行

为承担责任，从此之后小杜才有所收敛。

分析

在这个社会上，很多法律都是针对成年人而言的。对于那些未成年人或者其他无法承担法律责任的人，法律会有一些区分，但是这并不意味着法律会纵容邪恶的行为。所以，不管什么时候，男孩都要知晓法律，也要使用法律的武器捍卫自己的权利。只有坚持做到这一点，男孩才能保护自己的合法权益，才能更加快乐地成长。

有些男孩在面对他人对自己的恶意指责或者是诬陷，甚至是伤害的时候，并不知道用法律武器来保护自己，他们只会以恶制恶，以牙还牙。在这种情况下，男孩很有可能因为冲动而做出过激的举动，导致自己从被害者变成了施害者。当身份发生这样尴尬的转变时，男孩再想以法律武器来保护自己，往往为时晚矣。

解决方案

具体来说，男孩要用法律武器保护自己，就要做到以下几点。

第一点，男孩要积极主动地学习法律知识。很多男孩对法律知识都懵懂无知，他们认为自己过着普通的生活，法律距离自己的生活很远，实际上这样的想法是完全错误的。在这个社会上，人群熙熙攘攘，每个人都要在法律规定的范围之内才能享受自由，也要在法律规定的范围之内做出合宜的举动，说一些符合法律规范的言论。有些人因为不懂得法律，在朋友圈或者是自己的社交媒体上说一些触犯法律的话，还会因此而承担法律责任。所以，男孩任何时候都要懂得法律，知晓法律，这样才能以法律为武器捍卫自己的权利，也才能让自己成长无忧。

第二点，男孩要保持理智清醒，避免冲动。俗话说，冲动是魔鬼，有些男孩正处于情绪波动的时期，有时候会情绪失控。在这种情况下，他们会因为愤怒而做出过激的举动，而有些事情一旦做出，导致严重的后果，就是无法挽回的。所以，男孩一定要保持冷静理智，这样才能克制自己的情绪，控制自己的行为。

第三点，法不外乎人情。这句话的意思是说，法律固然是非常严苛的，但是也要考虑到人情的因素，男孩固然要以法律为武器保护自己的合法权益，但是当事情并不那么严重的时候，男孩也要多多地体谅他人，尽量做到宽容他人。俗话说，以德报怨，就是说男孩要以宽容的方式对待他人，从而消除他人对男孩的伤害，让他人发自内心地认可男孩，这样才能真正地缓和关系。

5

男孩乐于助人有限度，保护自己真英雄

很多男孩都有英雄主义情结，他们在学校和社会的号召下，坚持学习雷锋，乐于助人。然而凡事皆有度，过度犹不及，如果男孩超出自己的能力范围去帮助他人，就会给自己带来损失，或者让自己陷入被动的状态之中。男孩在帮助他人的时候一定要有限度，也要基于自己的能力去做出自己最大的努力，尤其是当他人面临危险的时候，男孩奋不顾身地去保护他人，很容易使自己陷于危险之中。任何时候，男孩都要牢记一个道理，那就是只有保护好自己，才能成为真正的英雄，才能帮助他人。

■ 乐于分享，结交更多好朋友

> **小故事**
>
> 　　进入初二之后，乐乐在物理学习方面遇到了一些困难，也许是因为没有提前预习物理学知识，所以在刚刚开始学习物理时，他的物理成绩并不好，为了激发乐乐对物理学习的兴趣，爸爸妈妈花费很多钱为乐乐购买了一些物理的学习资料。乐乐自己也非常积极主动地学习物理知识，并且还根据课本和各种习题册整理出了系统的物理笔记，便于自己复习呢！
>
> 　　看到乐乐把物理学知识梳理得如此有条理，而且重点提炼得非常清晰，好朋友彤彤对乐乐提出了请求。他恳求乐乐说："乐乐，你花费这么多时间整理了资料，能不能借给我复印一下呢？这样一来，我等到复习的时候就不用再翻那厚厚的书了，只要看你的资料就好了。"
>
> 　　乐乐听到彤彤的话非常迟疑，他暗暗想道："我的物理成绩本来就没有彤彤好，现在我再把自己辛苦整理的物理资料分享给彤彤，那么彤彤的物理成绩就会更高了。我要想追赶彤彤或者超越彤彤，就会变得更难了。"想到这里，乐乐随口编造了一个理由，拒绝了彤彤的请求。
>
> 　　彤彤被乐乐拒绝之后并没有生气，下午上自习课的时候，同学们都在安安静静地学习，彤彤抱着他的物理资料走过来，对乐乐说："这是我叔叔给我的物理资料，他是特级老师，所以他的物理资料整理本是非常全面的。我把这个物理资料复印了一份给你，这样你就可以多多参考了。"看到彤彤如此大方，乐乐感到非常羞愧，他当即对彤彤说：

"彤彤，这样你可吃亏了。你叔叔是特级老师，整理的物理资料一定是最精华、最实用的。但是我的物理成绩本来就没你好，只是凭着粗浅的理解整理了资料，肯定没有你叔叔的资料更全面。"

乐乐话音刚落，彤彤笑起来，说："乐乐，你说什么呢！我们可是好朋友呀，好朋友就应该一起分享好东西。我早就想把叔叔整理的资料给你，不过因为叔叔此前给我的只是电子文档，所以我没有来得及打印出来。这个是我昨天晚上刚刚打印出来的，送给你。"乐乐高兴地拿出了自己的资料，和彤彤一起头挨着头开始研究物理题目。

原本，乐乐以为他与彤彤的互帮互助到此结束，谁知道第二天上学的时候，他发现全班同学每个人都拿着一份彤彤叔叔整理的资料和乐乐整理的资料，乐乐感到非常惊讶。经过仔细询问，他才知道彤彤把两份资料都分享给了同学们。得知这个消息，乐乐感到非常沮丧，他暗暗想道："这下子，我想在物理上获得巨大进步的可能性几乎没有了。如果大家齐头并进都获得了进步，又怎么能凸显出我的用功和努力呢？"然而，让乐乐感到惊喜的是，傍晚放学之前，又有几个同学和他分享资料，并且提出了他所整理的资料中遗漏的知识点。这样一来，每个同学都有了最新最全面的物理资料，乐乐终于释然了。他想：大家都能考 100 分才好呢，这样我们在学习上都会有很大的进步。想明白了这个道理，乐乐感受到了发自内心的快乐。因为乐乐和彤彤乐于分享，同学们对乐乐和彤彤都给予了极高的评价，也都很愿意与乐乐和彤彤成为朋友。

分析

很多孩子都有私心，这是人之常情，无可指责，不过对于男孩而言，只有真正学会分享，才能感受到加倍的快乐。分享是一种非常先进的理念，是人与人之间的双向沟通。要想真正实现分享，人与人之间就应该互相给予，共同拥有那些美好的东西。有人曾经说过，分享快乐能让快乐加倍，分享悲伤则能让痛苦减半。在人群之中，大家更喜欢那些乐于分享、善于分享的人。在分享的过程中，分享者也能够集思广益，得到他人很多中肯的意见，从而更加完善自己的经验和成果。从这个意义上来说，分享是真正的互惠互利，拥有大智慧的人都乐于分享，也都愿意主动分享。

在现实生活中，每个人都要积极地分享，才能感受到分享的快乐，也才能结交更多的朋友。其实，生活中关于分享的例子数不胜数。例如，我们去参加朋友的婚礼，分享朋友新婚的快乐；我们去参加朋友的生日聚会，分享朋友过生日的快乐；我们去美丽的地方旅游，拍了照片发到朋友圈里，把自己旅游中的见闻和欣赏的美景分享给朋友；我们买了一件非常好的商品，物美价廉，性价比超高，赶紧推荐给身边的人，这样就与大家分享了优质的商品。总而言之，生活离不开分享，每个人都在分享中生活，在分享中感受快乐，在分享中获得满足。

虽然男孩可分享的东西还没有那么多，但是男孩的快乐可不少呀！男孩每天在学校里与同学朝夕相处，最容易分享的就是在学习上的成果。有些男孩非常自私，他们不愿意把自己擅长的知识教给其他同学，因此当自己有了需求需要求助于同学的时候，也会遭到同学的拒绝。长此以往，男孩进入了恶性循环，必然会感到非常孤单和寂寞。在这个世界上，虽然人们熙熙攘攘，但是常常有人感到孤独，这是因为他们没有能够分享的伙伴，也没有机会得到分享的快乐。

解决方案

要想做到乐于分享，男孩就应该做到以下几点。

第一点，认识分享的意义，知道分享是快乐的源泉。一个不懂得分享的人是不可能结交朋友的，就像一棵树光秃秃的、没有任何树叶一样，看起来乏味而又无趣。只有懂得分享，我们才能长满快乐的叶子，才能在微风吹来的时候沙沙作响，唱出欢快的歌。

第二点，积极主动地分享。有些男孩非常自私，他们从小在家庭生活中就得到父母所有的疼爱，独占家中所有优质的资源，长此以往，他们渐渐地形成了以自我为中心的错误想法，认为自己理所应当成为宇宙的中心，理所应当得到一切好的东西。这使男孩在与人相处的时候任性自私，不受人欢迎。男孩要渐渐地转变这样的错误观点和想法，要积极主动地与朋友分享，要感受到分享的快乐，真正激发出自己分享的欲望。

第三点，以分享为途径结交更多的朋友。当男孩主动与他人分享的时候，就会得到他人积极的回馈。例如，男孩与他人分享了自己的巧克力，又收到了他人带来的美味棉花糖，这样男孩与他人就都品尝到了巧克力和棉花糖的双重美味。如此一举两得的事情，何乐而不为呢？

第四点，分享并不会让我们失去什么，反而会让我们得到更多。人的本性是自私自利的，但是分享却是互利共赢的，甚至会形成多边盈利的局面。男孩还要认识到分享的力量，要看到自己在失去某些东西的同时，也收获了更多的美好，收获了更多的快乐，收获了更多的友谊。

小贴士

在人生漫长的过程中，每个人都离不开朋友的陪伴，如果男孩不管有什么好东西都默默地一个人独享，那么就不可能感受到分享的快乐。很多时候，即使是平淡无奇的食物，在与朋友分享的时候，我们也会感到食物的味道发生了神奇的变化，变得非常美味可口，这就是分享的魔力。有的时候，我们因为一件事情而伤心欲绝，甚至觉得自己的人生无以为继，但是当朋友陪伴在我们的身边，感受着我们的痛苦，帮我们排解伤心的情绪时，我们就会觉得心情舒畅多了，渐渐地也就从痛苦中摆脱出来了。由此可见，分享是人生中必不可少的，每个男孩都要乐于分享，主动分享，热爱分享。

不要给陌生人带路

小故事

阳春三月，学校里正在组织学习雷锋做好事的活动。活动开展得如火如荼，每一个同学都铆足了劲要当真正的活雷锋。有一天放学的路上，程程遇到了一位老奶奶。老奶奶问程程："小伙子，你知道经典家园怎么走吗？"程程当然知道经典家园在哪里，因为经典家园距离他经常去玩的公园很近。为此，程程热心地告诉老奶奶详细的路线，但是老奶奶不知道是因为年纪太大耳朵听不清，还是记性不太好了，总而言之，对于程程认真细致地告诉她的路线，她就是既听不清楚，也记不住。

老奶奶请求程程："小伙子，我老了，脑子不好使了，如果你方便的话，你能把我送到经典家园去吗？"听到老奶奶非常焦急的语气，程程感觉自己无法拒绝老奶奶，想了想之后，他当即决定先把老奶奶送到经典家园再回家。

热心的程程搀扶着老奶奶朝着经典家园的方向走去，然而在走到十字路口的时候，程程突然意识到一个问题。他想起了妈妈对他千叮咛万嘱咐的话：不要给陌生人带路。即使是给陌生人指出路线的时候，也要与陌生人之间保持一定的距离，因为有些坏人带着迷药，很容易就能控制人的思想和行为。想到这里，程程不由得惊出了一身冷汗。他当即松开搀扶着老奶奶的手，与老奶奶保持了一段距离。正在这个时候，他们走到了十字路口，程程灵机一动，对老奶奶说："老奶奶，前面有一个交警，我让他送您去经典家园吧。我还有很多作业要写，必须赶紧回家，如果我回家晚了，爸爸妈妈会着急的。警察叔叔还有摩托车，他可以带着您去经典家园。"说着，程程就朝警察走过去，还把老奶奶找不着家的情况告诉了警察叔叔。警察叔叔顺着程程所指的方向去看老奶奶，程程这才发现老奶奶已经独自走出很远了，而且步速还很快呢。

　　这个时候，警察叔叔好心地提醒程程："小朋友，你做得很对。不要随便给陌生人带路，如果有需要，就让他们来找我们警察就好。你们安全地回到家里更重要。"程程重重地点点头，谢过警察叔叔之后，赶紧跑步回家了。

分析

　　我们无从确定这个老奶奶是好人还是坏人，是真的需要帮助，还是只以帮助为借口，想要欺骗孩子。但是有一点是可以肯定的，孩子一定不要盲目地给陌生人带路。正如程程妈妈所说的，哪怕是给陌生人指路，也要与陌生人之间保持一定的距离。现代社会中，很多人居心叵测，最重要的是坏人的脑门上并没有写字。男孩因为缺乏社会经验，安全意识也不高，这就使坏人有了可乘之机。俗话说，害人之心不可有，防人之心不可无，不管什么时候，男孩都要保持警惕，让坏人无机可乘，这么做总是没错的。

要想保证自身的安全，只是寄希望于改变社会环境是远远不够的，人的本性是多种多样的，没有人能够完全肃清社会上所有的坏人。既然如此，我们就要从自身着手，努力提高自己的安全意识，让自己掌握更多的安全技能，也让自己能够未雨绸缪地避开危险。

解决方案

那么，面对陌生人的求助，男孩应该如何做呢？

第一点，如果陌生人不知道应该如何到达一个地方，男孩要与陌生人保持一定的距离，给陌生人指出路线，或者告诉陌生人应该如何走。现在很多手机上都有地图功能，如果是年轻人，他们很容易就能用手机地图给自己导航，从而顺利地找到目的地；如果是老年人，他们也可以求助警察。

第二点，如果是在人迹罕至的地方被陌生人求助，男孩先不要表现出慌乱的样子，可以机智地说自己的爸爸或者妈妈马上就来，也可以寻找机会去往人多的地方，这样坏人就会因为做贼心虚而退缩或者逃离。

第三点，那位女孩正值人生中最美好的年华，就这样香消玉殒了，再也没有能够走出那个孕妇的家。如果知道自己的好心会换来这样悲惨的结局，她一定不会帮助这个居心叵测的孕妇。我们固然要指责坏人的蛇蝎心肠，却也要有意识地提升自己的安全意识，要能够主动地避免危险的发生。如果女孩在把孕妇送到小区门口的时候赶紧离开，或者在把孕妇送到家门口的时候赶紧下楼，那么女孩就能逃离魔爪，或者至少能获得生的机会。但是一旦进入孕妇的家里，孕妇关上了门，和她的丈夫一起控制女孩，女孩逃离的可能性就微乎其微了。

火眼金睛，识别骗局

小故事

在放学回家的路上，鹏鹏看到路边有很多人簇拥在一起，他的好奇心马上就被激发了出来，也随着人群努力地往内圈拥挤着，因为他想看看在人群中到底有什么新鲜的事情正在发生。好不容易挤到人群之中，他才发现有一个人正在乞讨。这个人看起来四肢健全，面色白净，并不是穷困潦倒的样子，他为何要乞讨呢？

鹏鹏发现这个人的面前还摆着一张大大的牌子，他便仔细阅读起来。牌子上写着此人因为身患绝症失去了劳动能力，现在他的孩子又身患绝症，所以他需要筹钱给孩子治病。鹏鹏小声地嘀咕着：有病就去医院治啊，没钱就去挣钱呀，虽然挣的钱可能很少，但至少是凭着力气所得的。旁边有一个围观的人听到鹏鹏的嘀咕声，狠狠地瞪了鹏鹏一眼，鹏鹏意识到对方在瞪自己，心里还很忐忑呢！

正在这个时候，那个瞪了鹏鹏的人大声地说："在家靠亲人，出门靠朋友。这位兄弟，你出门在外遇到了这么大的难处，我们一定会帮你的。我这里有 50 块钱，是我准备用来买菜的，就先给你吧！"说着，那个人拿出 50 块钱，放在了乞讨者面前的小筐里。这个时候，周围的人仿佛受到了这个人的感染，也纷纷拿出钱放在筐里。鹏鹏觉得很纳闷，不知道那个人为何要瞪自己一眼，看到这个人这么积极地劝说大家都捐钱，鹏鹏恍然大悟，他意识到这两个人一定是一伙的。看着大家纷纷拿钱放到筐里，鹏鹏悄悄地离开了，但是他并没有走远，而是躲在一个偏僻的地方，想看看这两个人还会怎么做。

等到人群散去之后，鹏鹏发现那个最先捐款的人一直留在原地。后来，看到人们都离开了，他和乞讨者收拾收拾东西，一起离开了。他们走到一个小巷子，清点了钱数，分了赃。眼前所见的事实让鹏鹏更加相信了自己的判断，回到家里，他把这件事情告诉了爸爸妈妈。爸爸妈妈对鹏鹏说："鹏鹏，虽然那两个人是骗子，但是你千万不要当着大家的面揭发他们，因为你这么做相当于断了他们的财路，他们很有可能会因此而记恨你，对你做出过激的举动。你必须保护好自己的安全。你知道他们是骗子，远远地离开就好了，而且以后再遇到这种热闹事的时候，千万不要挤过去看热闹，谁知道在人群中有没有坏人呢！"对于爸爸妈妈的叮嘱，鹏鹏并不完全认可，他沉思片刻，说："如果这两个骗子要骗很多钱，或者引起更严重的后果呢？"爸爸斩钉截铁地说："那也和你没关系，你只要看好自己的钱包就行。"鹏鹏突然一拍脑门，兴奋地说："要不，我离开骗子后，打电话报警，这总可以了吧！"妈妈点点头说："在不确定骗子有几个同伙的情况下，你最好去没人的地方打电话，不要被他人听见。"鹏鹏点点头，说："妈妈，放心吧，我会保护好自己的！"

分析

鹏鹏是一个非常机灵的孩子，他通过察言观色意识到这是一个骗子组合，正在骗大家的钱。后来，他还躲在暗处看到了事情的始末，了解了真相。不过，爸爸妈妈对鹏鹏的提醒也是非常重要的，如果鹏鹏不管不顾地当众揭发了这两个骗子的举动，那么这两个骗子很有可能狗急跳墙，当即报复鹏鹏，给鹏鹏带来人身危险。

在这个社会上，骗局是很多的，尤其是在大城市里，在景区的门口或者是公交地铁上，有可能会遇到在乞讨的人。对于男孩而言，如果真的动了恻隐之心，那么可以拿出一些钱来帮助乞讨者。如果认为乞讨者有可能是骗子，男孩可以无动于衷。需要注意的是，当孤身一人的时候，最好不要当众揭发乞讨者，否则就会激怒乞讨者，让乞讨者做出冲动的伤人之举。

男孩从小接受父母无微不至的照顾，等到进入学校之后，他们生活的环境中只有老师与同学，还是相对简单的。虽然家庭和学校的生活环境并不是完全单纯的，但是和家庭与学校的环境相比，社会环境是更加复杂的。所以，男孩除了要适应家庭生活和学校生活之外，还要多多了解社会生活中的各种真相，知道社会中的各种骗局。尤其是在进入青春期之后，男孩自以为长大了，他们的活动范围不再局限于家庭和学校，而是渐渐地向社会拓展。在这个阶段里，男孩的身心快速发展，他们觉得自己不再是一个需要被保护和照顾的小男孩，而是一个真正的男子汉，这也使他们误以为自己变得足够强大了，而实际上他们的能力还是很有限的。当男孩自我膨胀，对自己有了夸大的认知之后，他们很容易在与陌生人相处的过程中上当受骗。所以，男孩一定要有火眼金睛，才能识破骗局。

解决方案

具体来说，男孩如何识破骗局呢？

第一点，要仔细观察。骗子总会露出一些蛛丝马迹，大多数骗子都会利用人们的同情心行骗，让人们主动地掏钱捐助给他们。男孩在发现乞讨者的时候，应该观察他们的行为表现，也要进行分析，从而看看他们所说的话能否在逻辑上成立。

第二点，谁的钱都不是大风刮来的，男孩不要同情心泛滥。父母挣钱是非常辛苦的，虽然乞丐很值得同情，但如果乞丐是有劳动能力的人，男孩就无须帮助他们，因为如果一个人宁愿去乞讨，也不愿意以自己的辛勤劳动换取报酬，那么他们就是不值得同情的。有句俗话叫作"救急不救穷"，意思是说，当一个人遇到紧急的情况时，我们应该帮助他，而如果一个人天生安于贫困，那么我们就无须帮助他。因为既然他不愿意靠着自己的力量改变穷困的命运，也就不要奢求别人帮助他改变。

第三点，识破骗局之后先不要声张，而是要观察情况，做出理智的决定。如果周围有警察，那么男孩可以偷偷地告诉警察；如果周围有很多人，那么男孩最好不要当众揭穿骗局，因为骗子往往不会单独行动，而是会与其他同伙一起行动。如果男孩在明面上揭穿了骗子的骗局，那么骗子隐藏在暗处的同伙很有可能打击报复男孩，使男孩遭遇危险。

第四点，男孩要控制住自己的好奇心，不要总是热衷于看热闹。很多热闹都有可能存在潜在的危险，男孩一定要按捺住自己的好奇心，该关心的事情要关心，对于不该关心的事情，则要淡然以对。这个世界上每天都在发生形形色色的事，如果男孩对每一件事情都充满好奇，都不由分说地往前挤过去，那么就有可能在不知不觉之间招惹麻烦上身。所以在上学放学的路上，男孩最好不要节外生枝，而是要快速安全地通过道路，到达学校或者回到家里。

危急时刻，舍身救人不可取

小故事

这个周五，学校里要组织社会实践活动，同学们得到这个消息之后全都异常兴奋，几个同学当即张罗着放学之后要一起去超市选购春游的食物和饮料。妈妈得知学校里要春游，对子乔千叮咛万嘱咐，让子乔一定要注意安全。因为这次春游的地方有山有水，所以妈妈还特意叮嘱子乔不要靠近河边。河边长了很多花草，又因为连日下雨，所以岸边非常湿滑，很容易掉到水中。子乔对妈妈所说的危险有所认知，当即表示自己一定会远离河边的。

在同学们的期盼中，春游的日子到来了。老师带着同学们来到了风景秀丽的郊外，很多同学都去爬山了，有几个同学不愿意爬山，就在河边的草地上玩。还有几个同学看到小河面上不停地冒泡泡，猜想河里也许有鱼，所以靠近了河边，想要抓条小鱼玩。有个同学因为脚下打滑，一下子掉到了河里，这个时候，距离那个同学最近的子乔马上不假思索地冲过去，试图抓住那个同学的手。因为他动作迅速，所以他的确抓住了同学的手，但是河岸特别湿滑，因而子乔也脚下一滑，和那个同学一起掉入了河中。这个时候，其他同学发现了异常，并没有和子乔一样冲动地冲过去救人，而是赶紧大声呼救。听到孩子们撕心裂肺的救命声，老师和当时正在河边的其他游客们当即进行了紧急救援。会游泳的下河去救两个孩子，不会游泳的游客则找来又粗又长的树枝伸到河水中，让落水的人抓住求生。在大家的齐心合力之下，子乔和那位落水的同学才被救了上来。

子乔在水里紧张地扑腾，慌乱地呼喊，喝了好几口水。他上岸之后，惊魂未定地对老师说："原本我以为能抓住同学呢，没想到脚下太滑了，所以自己也掉到了河里。"老师感到特别后怕，严肃地告诫子乔："子乔，你的行为太冲动了。你想救同学的心意是好的，但是你的做法是不可取的。你本身并不会游泳，再加上河边太湿滑了，所以你极有可能一起落水。在这种情况下，你必须要及时呼救，让会游泳的人下河去救人。幸好，其他同学看到你们落水，及时呼救，不然等到我们赶来的时候，你们的小命都没有了！"

子乔知道老师说的话是正确的，他心有余悸地说："在春游之前，妈妈再三叮嘱我要远离河边，说最近连日来都在下雨，河边非常湿滑。我虽然自己做到了远离河边，但是却忘记了救人的时候也要先保护好自己。以后，我一定会多多注意的！"

后来，妈妈知道了这件事情，也对子乔进行了深刻的教育，并且再三叮嘱子乔舍身救人是不可取的行为。子乔对此感到很疑惑，他问妈妈："难道我们不应该舍己为人，把自己的安危置于不顾，奋不顾身地救人吗？"妈妈摇摇头，对子乔说："奋不顾身地救人，结果非但没有救出他人，反而还搭上了自己的性命，这可不是理智的行为呀！虽然我们要竭尽所能地帮助他人，但是一定要在保护好自身安全的情况下。像你这种行为，自己也掉入了水中，非但救不起同学，还有可能和同学一起一命呜呼了呢！换个角度来想，如果你当时及时呼救，让会游泳的人下去救你的同学，你在岸边支援，这样同学获救的概率会更大，明白吗？"子乔恍然大悟，连连点头。

分析

妈妈说得非常有道理，一个人只有先保证自身的安全，才能够更好地救助他人。如果在看到他人面临危险的时候奋不顾身地冲上前去，结果非但没有救出他人，反而还搭上了自己的性命，那可是得不偿失啊！

很多男孩正处于青春期，他们有非常浓重的英雄主义情结。在这个阶段，他们正从儿童成长为少年，又从少年成长为成年，身心都在快速地发展，所以他们会产生一种自我膨胀的心理，对于自身的认识也会有些夸大。例如，有些青春期男孩看到自己长得又高又强壮，就认为自己比父母的力量更加强大，这也使他们在关键时刻自不量力。

解决方案

要做到在危急时刻救人，男孩要坚持以下几个原则。

第一点，不管情况多么危急，都要保持理性。冲动只会使情况变得更加糟糕，只有保持理性思考，男孩才能作出正确的决断。如在上述事例中，如果子乔想到自己也会被拉下去，那么就不会仓促地伸手去抓同学，而是会当即高喊，呼唤身边的人赶过来救人，这样同学获救的概率会更大，子乔也能保证自身的安全。

第二点，要考量自身的能力。近些年来，青春期男孩落水的案件经常发生，曾经有几个男孩因为发现有同伴落水，相继下河救人，结果全都溺死。这样的结果是令人扼腕叹息的，虽然我们认可男孩乐于助人、舍身救人的精神，但是这样的行为确实不应该被提倡。

第三点，在教育男孩的过程中，不管是老师还是父母，都要注重对男孩进行生命安全教育。任何时候，只有在生命存续的情况下，男孩才能做出更多有价值、有意义的事情。如果男孩把自身的安危置于不顾，让自己的生命面临威胁，那么非但救不了他人，还会失去自己宝贵的生命。

第四点，男孩要学会以正确的救助方式帮助他人。生活中总是充满了各种各样的危险，如果男孩不懂得各种正确的救助方式，只是仓促地凭着本能对他人展开救援，那么很有可能导致事与愿违，不但将自己置身于危险之中，也会让他人置身于危险之中。

小贴士

任何时候，男孩都要牢记一点，那就是首先要保护好自己，只有在保证自己生命安全的情况下，再尽自己所能地救助他人，男孩才有可能得偿所愿。

6

校园生活中，男孩要培养社会交往能力

在现代社会中，没有人能够离群索居、自给自足地生活，每个人都要在人群中找到属于自己的位置，也要积极地与他人进行社会交往。在校园生活里，男孩更是要培养社会交往能力，这样才能如鱼得水地与同学们相处，也才能让自己在成长的过程中收获更多的幸福与快乐。

诚信待人，打造属于自己的品牌

> **小故事**
>
> 　　一直以来，嘉琪都不理解诚信二字到底是什么意思，直到上了初中，经历了一次特别的事情，嘉琪才加深了对诚信二字的理解，也才能够真正地做到对同学信守承诺。
>
> 　　刚刚升入初一，同学们中特别流行科幻小说。因为《流浪地球》正在电影院热映，所以大家对刘慈欣其他的科幻小说，诸如《三体》，以及阿西莫夫的《银河帝国》等作品，都非常感兴趣。同学们常常利用课余时间阅读这些科幻小说，还会在私底下互相借阅呢！
>
> 　　尤其是《三体》，一度供不应求，很多同学都在等着借阅这套书呢。班级里只有少数几位同学有《三体》这套书。嘉琪向刘丹借阅了这套书。刘丹是个女孩，却很喜欢科幻作品，她非常爱惜自己的书，在把《三体》这套书借给嘉琪时，刘丹再三叮嘱嘉琪："你一定要好好爱惜我的书啊，千万不要把书弄坏了！而且，你明天就要还给我，我只能借给你一天的时间！"
>
> 　　为了尽快拿到日思夜想的《三体》，嘉琪对刘丹的一切要求都点头应承。然而，当天晚上，老师布置了很多作业，嘉琪回到家里完成作业后已经深夜11点多了，所以他根本没有时间看《三体》。这可怎么办呢？嘉琪暗暗想道：如果我明天就把书还给刘丹，我连一页还没看呢；如果我熬夜看书，明天肯定会哈欠连天。不如，我就说自己忘记带书了吧，这样后天就是周六了，我就可以等到下周一再把书还给刘丹，我就有充足的时间看书了。这么想着，嘉琪下定决心。次日，

他故意把书从书包里拿出来,放到书桌上,然后就兴致勃勃地去学校了。

　　到了学校里,刘丹第一时间就向嘉琪索要《三体》。嘉琪装模作样地在书包里翻找,突然惊慌地喊道:"哎呀,糟糕了,我昨天看完书太晚了,把书放在床上,忘记收到书包里啦!"刘丹看到嘉琪的样子信以为真,懊丧地说:"嘉琪,你怎么这样呀?你说话要算数,要不你让你妈妈把书送过来吧!"嘉琪摇摇头,说:"我妈妈正在上班呢,而且她从单位到家要一个半小时,这样的话她就没法上班了。"听到嘉琪的话,看着嘉琪着急的脸,刘丹思考了片刻,只好极不情愿地说:"那好吧,你周一把书带给我,一定一定要记得啊!"嘉琪的计谋得逞了,脸上露出了得意的笑容。

　　当天晚上回到家里,因为次日是周末,所以嘉琪没有着急写作业,而是捧着《三体》津津有味地看了起来。这个时候,爸爸妈妈回来了,他们看到嘉琪正在看《三体》,惊讶地问嘉琪:"你哪来的这本书呀?据说现在这本书特别火呢,书店都脱销了!"佳琪点点头,说:"这本书是我从刘丹那里借来的,我还用了个小计谋呢。"接着,嘉琪把自己对刘丹使用计谋的经过讲述给爸爸妈妈听,爸爸听了之后,并没有如同嘉琪所预期的那样表扬嘉琪头脑聪明,而是皱着眉头对嘉琪说:"嘉琪,不管因为什么原因,你都应该信守承诺。你虽然编造了一个很合理的理由,推迟时间把书还给刘丹,但是我想下一次你再想借刘丹的书,一定会很难。"嘉琪惊讶地问:"为什么呢?我假装不是故意的,刘丹应该没有识破。"妈妈补充道:"不管你是不是故意的,你没有遵守自己的承诺,就会给人留下很糟糕的印象。希望你下一次不要这么做,也希望你周一到了学校主动向刘丹道歉。"在爸爸妈妈的教育下,嘉琪认识到了自己的错误。周一一大早,他就把书还给了刘丹,并且把事情的经过讲给刘丹听,还向刘丹道歉了呢!看到嘉琪为了看书如此大费周折,刘丹虽然很不开心,但她还是选择原谅嘉琪,并且让嘉琪保证以后再也不这么做了。自从经历了这件事情之后，嘉琪再向刘丹借书反而变得很容易，因为刘丹相信嘉琪不会故技重施了。

分析

诚信就是诚实的意思，每个人都应该忠诚于自己，忠诚于他人，做事情要符合事实，而不要当面一套背后一套。每个人的言行举止都应该符合自己的诺言，而不要在许下了诺言之后又把诺言抛之脑后。只有诚实地对待自己和他人，才能赢得他人的信任，也才能为自己树立诚信的口碑。

现实生活中，很多男孩和嘉琪一样不能信守承诺，绞尽脑汁地编造出很多看似合理的理由，其实他们不知道的是，不管他们因为什么原因而食言，都会给别人留下糟糕的印象。所以，男孩要像爱惜自己的眼睛一样爱惜自己的名誉，要全力以赴地培养自己诚信的品质，为自己打造良好的声誉。

解决方案

具体来说，男孩要做到以下几点，才能铸就诚信的品质。

第一点，注重生活中的小事，即使在小事上也要信守承诺。很多男孩大大咧咧，非常粗心，在考虑问题的时候，往往比较看重那些重要的问题，而对细节则采取忽略的态度。这导致他们做事情不够精细，常常因为细节做得不到位而使自己给他人留下的印象大打折扣。

第二点，要学会设身处地为他人着想，要学会换位思考。很多男孩都从自身的角度出发考虑问题，在自己给他人做出承诺之后，只考虑到自己的实际困难，而没有想到自己一旦食言会给对方带来怎样的麻烦。男孩应该学会换位思考，站在他人的角度想一想自己不能遵守诚信，会给他人带来怎样的损失，在意识到后果的严重性后，男孩就会促使自己信守诺言。

第三点，增强自己的能力，培养自己坚强不屈的意志力。很多男孩并不是不想信守诺言，而是因为他们在随意说出承诺之后，才发现自己的能力还不足以兑现承诺。在这样的情况下，他们就随随便便地选择了放弃，导致给他人留下恶劣的印象。俗话说，君子一言，驷马难追，男孩既然当着他人的面做出了承诺，不管付出多大代价，都要兑现承诺，这样才能赢得他人的信任，在他人面前树立威信。

在古时候，曾子的妻子哄骗孩子说自己赶集回来之后，就会给孩子杀猪吃肉，孩子听信了妈妈的话，所以不再纠缠妈妈，也不要求跟妈妈一起去赶集了。自从妈妈离开家，孩子就坐在院子的前面等着妈妈回家杀猪吃肉。妈妈直到傍晚时分才回来，进门却发现曾子正在磨刀呢。妻子感到非常惊讶，问曾子为何要磨刀，曾子说："你告诉孩子等你赶集回来就要杀猪吃肉，我正在磨刀烧水，准备杀猪呀！"妻子恍然大悟，说："咱们家就这么一口猪，过年还指望着这口猪呢！你现在把猪杀了，过年吃什么呀？我就是随口和孩子一说，哄着孩子不要哭闹，你居然当真了！"曾子一本正经地对妻子说："这口猪固然是我们过年的口粮，非常重要，但是孩子诚信的品质更重要。如果你现在对孩子不能做到信守承诺，那么将来孩子在为人处世中，也会把自己的诺言当回事儿。如果孩子没有诚信的品质，又如何立足于人世呢？所以我们今天必须杀猪！"妻子认为曾子说得很有道理，当即放下手里的东西，也帮曾子一起杀猪了。他们杀了家里唯一的这头猪，炖了很多肉，还分给周围的邻居们吃呢！

《曾子杀猪》的故事尽人皆知，这是因为曾子的教育方法是正确的。在人际交往的过程中，一个人只有信守承诺，才能赢得他人的尊重和信任，也才能处处受人欢迎。反之，一个人如果轻而易举就把自己所说的话抛之脑后了，那么渐渐地就会失去他人的信任，备受孤独与寂寞的煎熬。

第四点，勇于承担责任。一个人如果不讲究诚信，失信于人，欺骗别人，那么最终很可能会导致严重的后果，害人害己。面对自己失信的行为，男孩一定要勇敢地承担起自己的责任，也要积极地承认自己的错误，这样男孩才能从中汲取经验和教训，也才能认识到诚信是无价之宝。

> **小贴士**
>
> 一个信守承诺的人，不管走到哪里，都受人欢迎；一个不能够兑现承诺的人，也许一开始能够做到虚伪地掩饰自己，但是随着时间的流逝。他的真面目必然会被人们所洞察，也就无法再继续与人交往了。所以，男孩要知道孰轻孰重，要珍视自己的名誉，要讲究诚信，这样才能让自己成为顶天立地的人。

不羞怯，落落大方参与社交

> **小故事**
>
> 哲哲的性格活泼开朗，在学校里，他是大家公认的开心果。他总是充满热情地与同学们相处，也非常幽默，给同学们带来了很多快乐。但是哲哲却有一个特点，那就是他非常怕生，当不得不面对陌生人或者与不熟悉的人交往时，哲哲就会因为害羞而胆怯畏缩，很难做到面带微笑，落落大方。有的时候家里来了客人，爸爸妈妈的同事或者是朋友来家里做客，哲哲如果与对方很熟悉，那么就会热情地招待对方；如果与对方很陌生，那么就会害羞地躲在自己的房间里，任凭妈妈怎

么呼唤他，他也不愿意出来。

眼看着哲哲马上就要小学毕业升入初中了，妈妈不由得发起愁来，这是因为哲哲在六年的时间里与小学同学和老师已经非常熟悉了，一旦升入初中，进入崭新的学校中开始学习生活，他不但要面对新同学，还要面对全然陌生的老师，哲哲能克服自己怕生的弱点，尽快融入新集体吗？妈妈对此心怀忐忑。

果不其然，才开学没多长时间，老师就打电话告诉哲哲妈妈，说哲哲在课堂上从来不举手回答问题，即使被老师提问，也一言不发。尤其是在听课的时候，很多同学都注视着老师的眼睛，与老师进行眼神交流，哲哲却截然相反，哪怕老师正看着他，他也会刻意地低下头，不愿意与老师对视。在课间的时候，有些同学会很积极地围绕在老师的身边提问或者闲谈，但是哲哲只要看到老师，他就如同受惊的小鹿一样马上逃之夭夭。偶尔，老师主动与哲哲打招呼，哲哲不但不给老师任何回应，反而把自己藏起来。听到老师的描述，妈妈更加担心了，原本妈妈以为哲哲长大了，不会再像小时候那样认生，现在却意识到这个问题还是非常严重的。如果哲哲总是这样羞怯，不能落落大方地参与社交，那么不但会影响哲哲的人际交往，还会影响哲哲正常的学习生活呢！思来想去，妈妈决定带着哲哲去看看心理医生，说不定心理医生能够解开哲哲的心结，让哲哲不再这么羞怯呢！

趁着五一长假，妈妈带着哲哲去拜访了一位著名的心理医生。这位心理医生的水平很高，是朋友介绍给妈妈认识的，所以妈妈对此行寄予了深切的希望。在心理医生的循循善诱之下，哲哲终于敞开心扉，说出了自己真实的想法。原来,哲哲进入青春期之后变得特别追求完美，他担心自己一旦没有经过慎重的思考就做一些事情，会导致失败，并且会因此受到父母和他人的否定与批评。哲哲还特别在意他人的看法，尤其在乎父母和老师的评价，所以他才会选择无所作为，既逃避了失败，

> 也逃避了成功。在心理医生的建议下，妈妈决定竭尽所能地为哲哲营造良好的社交氛围，鼓励哲哲迈出社交的第一步。

分　析

一直以来，人们都存在误解，觉得害羞是女孩的专利，其实不仅女孩会害羞，男孩也会害羞。通常情况下，害羞并不是一种单纯的情感，而是一种复合性的情感。通常来说，害羞的男孩往往还非常胆怯，所以我们会以"羞怯"来形容男孩的胆小畏缩。在这个事例中，哲哲进入青春期之后内心变得非常敏感，他特别想融入团体之中，也希望得到他人正面的评价，但正是因为对此太过看重，他才会缩手缩脚，不敢坦然地表达自己，也做不到从容地面对他人。

害羞不仅是一种心理上的情绪，而且有很明显的生理表现。例如，男孩在害羞的时候脸色绯红，心跳加快，手心出汗，还会头脑一片空白，不知道自己该说什么，或者思维特别混乱，说起话来东一榔头、西一棒槌的，毫无逻辑性可言。为了避免这样尴尬的情况出现，他们在很多场合里都会主动逃避，主要就是为了防止自己当着他人的面出丑。很多男孩在进入青春期之后不敢面对异性，这是因为在激素的影响之下，他们对异性产生了懵懂的情感，所以在面对异性的时候，他们的羞怯就会加剧。

有些父母在看到男孩表现羞怯的时候，往往非常着急，他们希望男孩能够战胜羞怯，变得落落大方，在任何场合里都做到不卑不亢，这当然是父母一种非常美好的愿望。实际上，父母只要认真地想一想，就会回想起自己在年少的时候也曾经非常羞怯。有些父母还会因为男孩表现得很羞怯而训斥或者是抱怨男孩，殊不知，羞怯是男孩成长过程中正常的表现，父母要认识到自己曾经也与男孩一样，这样就能够接受男孩的羞怯，也才能有效地帮助男孩战胜羞怯。

解决方案

从家庭教育的角度来说,父母越是强势,想要控制男孩,或者是否定男孩的各种想法,男孩的羞怯和恐惧就会愈演愈烈。面对羞怯,男孩应该怎么做呢?

第一点,男孩要承认自己的确非常害羞。很多男孩既感到害羞,又试图掩饰自己害羞的真实心理,所以他们承受着双重压力。如果男孩能落落大方地承认自己的确非常害羞、胆怯,进行适度的自我解嘲,那么他们反而会因为不需要再隐藏一个秘密而变得满心轻松。

第二点,男孩要更加充满自信。有些男孩因为自己某些方面的条件比不上别人,就会感到特别自卑。实际上,金无足赤,人无完人,每一个男孩都会有表现优秀的一面,也会有表现不如他人的一面。男孩要客观公正地认知自己、评价自己,这样才能在与人相处的过程中坦然地展示自己的缺点和不足,也从容地发挥自己的优势和长处,打造自己的核心竞争力。

第三点,创造各种机会与更多的人交往。很多男孩从小就在家庭生活中独自玩耍,因为没有兄弟姐妹的陪伴,所以他们很孤独,又因为父母工作忙碌,所以他们大多数时间都留在家里。如果男孩从小就在封闭的环境中成长,那么他们害羞的情况就会越来越严重。归根结底,男孩必须为自己打开一扇门,让自己从那个小小的家里走出来,走向更为广阔的天地。当男孩习惯于与更多的人交往,他们羞怯的情绪就会自然而然地消除。

第四点,有意识地当众讲话。很多男孩在当众发言的时候会表现得非常害羞,特别恐惧,在这种情况下,父母可以提供机会让男孩当众讲话,男孩自己也可以主动争取机会当众讲话。丘吉尔是一个非常成功的演说家,有谁能想到他在第一次演讲的时候,因为紧张口吃,才讲到一半就不得不终止演讲呢?但是丘吉尔并没有因此而放弃培养自己当众演讲的能力,反而有意识地给自己创造更多机会,锻炼自己的胆量,提升自己的语言表达水平,最终成为了举世闻名的大演说家,也在政坛上做出了让世界瞩目的独特贡献。

> **小贴士**
>
> 孩子并不会天生胆小,也不会天生胆大,男孩的性格固然有一部分是天生的,但是也有一部分是通过后天的锻炼渐渐形成的。所以男孩不要限定自己,认为自己就应该是一个害羞的人,而是要认识到可以有意识地提升自己各个方面的能力,从而让自己有更杰出的表现,这对男孩而言当然是至关重要的。当男孩终于可以做到不再羞怯,落落大方地参与社交时,他也就真正成熟了,变成了一个内心强大的男子汉。

■ 学会倾听,打开他人心扉

> **小故事**
>
> 作为班级的宣传委员,严肃不仅文化课的学习成绩非常好,而且拥有很多才艺,正因如此,每当班级里有集体活动的时候,他都带头踊跃参加。同学们最喜欢看严肃进行妙趣横生的表演了。除此之外,严肃还是一个特别热心、乐于助人的好学生,和同学们在一起的时候,他总是耐心地倾听同学说话,很少打断同学的发言。有些同学因为情绪激动,会讲得磕磕巴巴,或者因为伤心而说话的语速很慢,但是他从来不会催促同学,也不会扰乱同学的思路,而是始终认真倾听。正

因如此,严肃名义上是班级的宣传委员,实际上是同学们的知心大哥哥。很多同学只要有了心事,就会第一时间找严肃倾诉。

最近这段时间,班级里的女生小雅情绪不佳,每天都心不在焉,原本小雅的学习成绩非常好,上课回答问题也很踊跃,但是现在即使老师点名让小雅回答问题,小雅站起来也沉默不语。看到小雅如此反常的表现,同学们都很担心,老师也百思不得其解。老师虽然找小雅谈了几次话,但是小雅什么都不愿意说,无奈之下,老师只好找到严肃,交给他一个艰巨的任务:打开小雅的心扉,了解小雅到底发生了什么事情。

接受了这个光荣而艰巨的任务,严肃尽管觉得难度很大,但他还是向老师表示自己愿意尽全力去试一试,毕竟严肃也是非常关心小雅的,他可不希望小雅从此之后就这样沮丧了。严肃始终在等待时机,想要找到一个合适的机会,和小雅展开谈话。

有一节体育课,同学们都去操场上课了,小雅却说身体不适,请假留在教室里。严肃抓住这个机会,和小雅展开谈话。严肃询问小雅到底发生了什么事情,并且向小雅表示,自己作为同学,无论如何都会陪伴在小雅的身边。一开始,小雅还是闭口不言,但是在严肃耐心的开导之下,小雅终于敞开了心扉。小雅一边哭,一边断断续续地告诉了严肃事情的经过。原来,小雅的爸爸正在和小雅妈妈闹离婚。小雅妈妈自从嫁给小雅爸爸之后,怀孕生子,又在家照顾小雅,所以从来没有工作过,没有经济来源,根本不能养活自己,更别说养活小雅了。这样一来,小雅就可能被法院判给爸爸抚养。但是,小雅不想跟着爸爸,她不喜欢爸爸的生活氛围,她只想跟妈妈在一起相依为命。

小雅讲得很慢,思绪万千,有的时候正在说这件事情,又跳跃到那件事情上,严肃一直在耐心地倾听,偶尔会点点头,偶尔会以"嗯嗯"的语气词对小雅表示回应。整整一节课的时间,一直都是小雅在说,

> 严肃除了给小雅递纸巾之外，几乎什么都没有做。但是严肃弄明白了一件事情，那就是小雅很担心自己未来的生活。下课铃响了，想到同学们马上就会回到教室里，严肃决定鸣锣收兵。他对小雅说："小雅，不管你有什么心事，我都很愿意听你诉说。如果诉说能够让你感到轻松，我愿意把自己的耳朵留给你。"听到严肃这么说，小雅感动不已。从此之后，小雅与严肃成为了最好的朋友。

分 析

每个人只有一张嘴，却有两个耳朵，这是为什么呢？其实这是在暗示我们要少说多听，让我们用一张嘴说话，而用两只耳朵来倾听他人。倾听是每个人都应该具备的基本素养，然而在现实生活中，喜欢滔滔不绝讲话的人很多，真正能够做到认真用心倾听他人的人却少之又少。从某种意义上来说，倾听也是尊重对方的表现。在一次交谈之中，一个人如果总是滔滔不绝，口若悬河，那么未必能够得到他人的认可和赞赏。一个人如果注视着对方的眼睛，认真地倾听对方讲话，那么就能够得到对方积极的评价，这是因为他是忠实可靠的听众，也可以成为值得信赖的朋友。

真正的沟通不是从表达开始的，而是从倾听开始的，遗憾的是，男孩们还不懂得沟通的真谛，也很难做到倾听他人。尤其是现在的男孩，从小在家庭生活中就占据了天时地利人和各个方面的优势条件，最喜欢做的事情就是迫不及待地表现自己，向别人吐露自己的心声，而很少有男孩能够耐心地倾听他人吐露心声。倾听不仅是尊重他人的表现，还是有礼貌的表现。我们也许不能给予对方更多的安抚，但是可以专心致志地听其他人讲话。对于有需要的人来说，倾听就是最好的回应。

解决方案

在与人沟通的过程中，男孩应该放下自我，更多地站在他人的立场和角度上思考问题，更多地关注与重视他人，这样就会给他人留下良好的印象。在倾听的过程中，男孩还要做到以下几点。

第一点，与他人沟通，少谈自己，多谈他人。很多男孩在与他人沟通的过程中，情不自禁地就会说起与自己相关的很多事情。甚至在别人说起自身的时候，还会迫不及待地与对方抢夺话语权，想要更多地介绍自己。殊不知，这样的举动只会招人厌烦，哪怕男孩说得再多，对方也未必愿意听。

第二点，倾听一定要认真用心，而不要敷衍了事。虽然在倾听的过程中，我们无须说太多的话，但是我们却要持续地给予对方积极的回应。例如，我们可以看着对方的眼睛，自然而然地冲着对方点头表示认可，也可以说出一些表示肯定的语气词，这样对方就会感受到我们的心意，当然也更愿意向我们倾诉。

第三点，对他人产生共情。共情是人际交往中一项必不可少的技能，一个人如果不能够与他人产生共情，而总是过于强调和重视自己的感受，就会形成以自我为中心的坏习惯，惹人生厌。只有更多地关注他人，理解他人的感受，体谅他人的难处，才能真正做到与他人深入交流。

第四点，提出中肯的意见。在倾听他人之后，如果我们有能力为他人提出合理的建议，或者是中肯的意见，那么我们应该全力以赴地去做。在现实生活中，每个人都不可能生活得一帆风顺，每个人都会遇到各种各样的困惑，遭遇形形色色的挫折。在这种情况下，我们只要有能力，就应该尽力帮助他人，即使我们心有余而力不足，也可以经过慎重的思考，给他人可行的建议，这样他人就会感受到我们的用心，也会把我们当成真正的朋友。

小贴士

有一双倾听的耳朵和一颗敏感的心灵，才能真正打开他人的心扉，让他人愿意向我们吐露心声。如果我们的耳朵正在走神，我们的心灵神游物外，那么对方就会彻底地对我们关闭心扉。男孩要想与他人更深入地交往，更透彻地了解对方，就必须重视倾听的作用，就要成为最好的倾听者。

男孩要学会合作

小故事

才开学没多长时间，学校里就要召开秋季运动会了。得到这个消息，同学们全都兴奋不已，因为同学们都喜欢上体育课，喜欢在阳光下运动。如果召开运动会，就意味着大家可以一起切磋运动能力了！再加上很多同学都特别擅长运动项目，所以他们可以借此机会为班级争光。

和大多数同学的兴高采烈形成鲜明对比的是，身材矮小的子乔却闷闷不乐。原来，子乔因为体质差，长得比较矮小瘦弱，既没有超强的体力，也没有让人震惊的爆发力。所以每次召开运动会时，子乔只能作为啦啦队员，在一旁为参赛的选手们呐喊助威。不过，这次运动会和以往的运动会有所不同，那就是为了体现人人积极参与的精神，特意设置了拔河比赛这个运动项目。每个班级的所有同学都要参加拔河比赛，就这样，子乔只得硬着头皮参加了拔河比赛。子乔知道，拔河比赛考验的是全体同学的力量，所以每个同学都要有合作精神，才能做到人心齐，泰山移。当然，想要实现这一点并不容易，老师和同学们都很清楚在拔河比赛中胜出的难度，所以在距离比赛还有一段时间的时候，班级就进行了训练。每当有时间的时候，班主任就会带领全班同学到操场上，拿起地上的绳子开始练习拔河。然而，总是没拔几下，被一分为二的班级队伍中，就有一队同学全军覆没了。大家四仰八叉地摔在地上，一时之间怨声四起。看到这样的情况，班主任非常担心，子乔更是想到：人心齐，泰山移；人心不齐，怎么可能移动泰山呢？

听着同学们七嘴八舌地争辩，子乔对大家说："同学们，我建议大家不要争吵，而是冷静地思考问题所在，这样才能解决问题。"在子乔的建议下，大家一边练习拔河，一边寻找技巧，并且根据每个同学力气强弱的不同，为其安排相应的位置。为了让大家能够在同一时间发力，子乔还负责喊口号。让人感到惊奇的是，子乔虽然身材矮小，嗓门儿可不小，他的口号声是全班最响亮的。在子乔用口号进行的引导之下，大家逐渐变得整齐一致，在经历了几次磨合之后，力量更加集中起来。

经历了这样的训练，同学们虽然汗流浃背，但是再也没有人抱怨，即使出现了问题，大家也不会推脱责任，为自己辩解，而是积极主动地进行自我反省，从自己身上寻找原因。最终，他们班在拔河比赛中获得了全校第一名的好成绩。从此之后，班级里的同学们明显地更加齐心协力起来，班级的整体氛围也越来越好了。

分析

子乔说得很对，每一个班级都是一个密不可分的整体。在班级里，虽然有的同学学习成绩好，有的同学学习相对落后，有的同学力气大，有的同学力气小，有的同学身材又高又壮，有的同学身材又矮又小，但每个人都是必不可缺的。一个集体要想赢得整体的胜利，就要每个成员都贡献出自己的力量，并且保持齐心协力，这样才能爆发出更为强大的力量。

民间有句俗话，叫作一根筷子被折断，十根筷子抱成团。任何时候，一个人只靠着自己的力量去做事，难免会有势单力薄的感觉，感觉自己无依无靠。如果能有几个齐心协力、志同道合的小伙伴团结合作，那么就会产生一加一大于二的效果。所以说，一滴水要融入大海之中，做一个人则要融入团队之中，用一句话来概括就是说合作益处多多。每个男孩都要学会合作，才能实现自身的价值。

在一个团队之中，每个团队成员都是与众不同的，但是他们在团队里所要做的不是凸显出自己的与众不同，而是要隐没自己的个性，让自己融入集体的力量之中，这样整个团队才能发挥更强大的作用，创造更大的价值。这样，所有的团队成员之间也才能做到积极协调，互相补足缺点，坚持创新，爆发出强大的力量。对于那些比较艰巨的任务，只靠着自己的力量是很难完成的，必须融入团队之中，凭借团队的力量，才能获得突破性的进展。所以，不要觉得融入团队是淹没了自己，其实融入团队恰恰是实现自我价值和意义的最好方式。

解决方案

男孩要想学会合作，就一定要做到以下几点。

第一点，打磨自己的个性，不要棱角分明。从个体的角度来说，男孩当然要有自己鲜明的个性，但是作为团队的成员，男孩却应该学会适度地隐没自己的个性，这样自己才能更好地融入团队的力量之中。

第二点，认识到合作的力量是非常巨大的，能够产生一加一大于二的效果。很多男孩都有着个人英雄主义情结，他们每时每刻都想突出地表现自己，而完全忽略了自己必须借助于团队才能有所成就。如果男孩总是过于强调自己，因而与成功失之交臂，那就是得不偿失的。

第三点，男孩不要以自我为中心。很多男孩在考虑问题的时候，往往以自我为中心，从自己的角度进行各种考量，这样的男孩很难体会到团队合作获得成功的喜悦。男孩只有去中心化，认识到团队里的每一个成员都非常重要，也看重和尊重团队里的每一个成员，才能做到与其他团队成员精诚合作，齐心协力。

第四点，在集体的利益面前，个人利益要让步。作为个体融入团队，难免会有个人利益与集体利益相冲突的时候。每当遇到这种情况，男孩一定要拎得清，要知道，集体利益大于个人利益，也要主动地让个人利益让位于集体利益。这样男孩才能在团队活动中取得更为突出的成就，也才能借助于团队的力量，让自己创造出价值和意义。

■ 发挥幽默的能力

> **小故事**
>
> 每当看到李伟的身边围绕着很多同学，大家嘻嘻哈哈、谈笑风生

的时候，小龙就感到非常羡慕李伟。虽然小龙和李伟是好朋友，但是小龙的性格和李伟截然不同。李伟的性格外向开朗，积极乐观，即使面对艰难的困境，他也能发现更多的希望和生机。所以，李伟不但能够鼓舞自己，也能够鼓舞身边的人，他就像是一个正能量团，不管走到哪里，都能把阳光带到那里。但是小龙则恰恰相反。也许是因为从小就是留守儿童，小龙特别自卑。每当班级里的其他同学说起与家庭和父母有关的事情时，小龙只能沉默不语。每当同学们想要跟小龙沟通时，小龙就把自己封闭起来，不愿意跟同学们说得太多。所以，整个初一上完之后，李伟已经和全班同学都成为了好朋友，小龙却是真正的"独行者"，除了与李伟能够谈得来之外，小龙对其他同学都非常冷漠、疏远、敬而远之。尽管小龙也很想像李伟一样在班级里处处受人欢迎，发挥幽默的能力给大家带来快乐，但是他总是做不到，一则是因为他缺乏勇气，二则是因为他不懂幽默。

有一段时间，小龙与班级里同学的关系非常紧张，还与几个同学发生了激烈的争吵。老师把这件事情告诉小龙的父母之后，小龙的父母劝说小龙要对人友善，给人以温暖，小龙当即反驳父母："从小到大，你们从来都没有给过我温暖，又为何要求我给别人温暖呢？我多少次请求你们不要在外面打工了，回到家里陪伴在我的身边，你们却以要挣钱为由拒绝了我。如果你们心里只有钱，那还要养孩子干什么呢？"小龙说得父母哑口无言，父母也非常伤心难过，他们知道自己愧对小龙，但是小龙现在已经长大了，父母想要弥补也无从弥补了。

小龙最喜欢做的事情就是和李伟在一起。有的时候，他心情不佳，郁郁寡欢，只要和李伟在一起，听到李伟说一些笑话，他马上就会哈哈大笑起来。进入初二之后，学习的任务越来越繁重，压力越来越大，同学们更喜欢和李伟相处了，因为跟李伟一起哈哈大笑是一种非常有效的减压方式。小龙下定决心要向李伟学习，发挥幽默的能力，给自己和他人带来快乐。经过一番仔细的观察之后，他发现李伟之所以是

> 大家公认的开心果,是因为他待人非常真诚,对所有人都不设防,而且他在说笑话的时候,从来不会以伤害他人为前提,而是维护他人的颜面,尊重他人。有的时候,李伟还会进行自嘲,以自我贬低的方式逗大家哈哈大笑。小龙非常努力地接受李伟积极的影响。然而江山易改,本性难移,要想让自己从悲观的性格转变为乐观的性格,让自己从沉默寡言变得爱说爱笑,这当然需要一个漫长的过程。

分析

人缘好的人不管走到哪里都受欢迎,这是因为他们凭着好人缘建立了良好的人际关系,拥有了丰富的人脉资源。在现代社会中,人脉关系被提升到了前所未有的高度,一个人要想生活得好,不仅要掌握真才实干,还要拥有好人缘。这样在遇到很多事情,靠着自身的能力无法解决时,才能从外界获得强大的力量,助力自己取得成功。

解决方案

当然,幽默的能力不是与生俱来的,孩子不会天生就很幽默。幽默是智慧的最高表现形式,而不单单是开一个低俗的玩笑那么简单。男孩要想获得幽默感,就要做到以下几点。

第一点,见多识广,丰富自己的见识。一个人只有见多识广,在遇到一些新奇的事情时才不会大惊小怪,才能更具幽默细胞。此外,见多识广还可以帮助我们开拓思维,让我们在思考问题的时候能够另辟蹊径,有独到的发现和与众不同的观点。

第二点，努力学习，让自己学识渊博。只有博古通今，掌握更多知识，在发挥幽默的能力时，我们才能得心应手。

第三点，循序渐进地改善自身的性格。如果一个人的性格本身就是很容易沮丧的，那么他是无法给自己和他人带来快乐的。只有那些内心始终充满愉快的人，才能萌生出幽默感，也才能把幽默辐射到自己的周围，给自己和他人都带来欢声笑语。

小贴士

每个男孩都梦想着自己受到万人瞩目，前提是在生活的环境中先收获好人缘。为此，男孩必须非常努力地提升自身的品德，让自己拥有宽广的心胸，也要坚持脚踏实地地做人，真诚地对待他人，用心地倾听他人。此外，还要积极地参与集体生活，让自己在各种各样的聚会中绽放出独特的魅力与光彩，这样男孩才能如愿以偿地成为中心人物。

参考文献

[1]蔡万刚.青春期男孩,你要懂得保护自己[M].北京:中国纺织出版社有限公司,2021.

[2]木阳.妈妈送给青春期儿子的私房书[M].2版.北京:中国纺织出版社,2016.

[3]尚阳,杜蕾.保护自己我能行[M].武汉:长江文艺出版社,2016.